面向高等职业院校基于工作过程项目式系列教材
企业级卓越人才培养解决方案规划教材

Premiere Pro 视频剪辑项目实战

天津滨海迅腾科技集团有限公司　编著

天津大学出版社
TIANJIN UNIVERSITY PRESS

图书在版编目(CIP)数据

Premiere Pro视频剪辑项目实战/天津滨海迅腾科
技集团有限公司编著.—天津:天津大学出版社,
2021.3
面向高等职业院校基于工作过程项目式系列教材 企
业级卓越人才培养解决方案规划教材
ISBN 978-7-5618-6876-8

Ⅰ.①P… Ⅱ.①天… Ⅲ.①视频编辑软件－高等职
业教育－教材 Ⅳ.①TN94

中国版本图书馆CIP数据核字(2021)第040773号

主　　编：樊　凡　艾静蕊
副主编：时军艳　杨婷婷　云利杰
　　　　邓先春　郑思思　石永英

出版发行　天津大学出版社
地　　址　天津市卫津路92号天津大学内(邮编:300072)
电　　话　发行部:022-27403647
网　　址　www.tjupress.com.cn
印　　刷　廊坊市海涛印刷有限公司
经　　销　全国各地新华书店
开　　本　185mm×260mm
印　　张　15.25
字　　数　387千
版　　次　2021年3月第1版
印　　次　2021年3月第1次
定　　价　59.00元

面向高等职业院校基于工作过程项目式系列教材
企业级卓越人才培养解决方案规划教材
编写委员会

陈章侠　德州职业技术学院
王作鹏　烟台职业学院
郑开阳　枣庄职业学院
景悦林　威海职业学院
常中华　青岛职业技术学院
张洪忠　临沂职业学院
宋　军　山西工程职业学院
刘月红　晋中职业技术学院
田祥宇　山西金融职业学院
任利成　山西轻工职业技术学院
赵　娟　山西旅游职业学院
陈　炯　山西职业技术学院
范文涵　山西财贸职业技术学院
郭社军　河北交通职业技术学院
麻士琦　衡水职业技术学院
娄志刚　唐山科技职业技术学院
刘少坤　河北工业职业技术学院
尹立云　宣化科技职业学院
廉新宇　唐山工业职业技术学院
崔爱红　石家庄信息工程职业学院
郭长庚　许昌职业技术学院
李庶泉　周口职业技术学院
周　勇　四川华新现代职业学院
周仲文　四川广播电视大学
张雅珍　陕西工商职业学院
夏东盛　陕西工业职业技术学院
景海萍　陕西财经职业技术学院
许国强　湖南有色金属职业技术学院
许　磊　重庆电子工程职业学院
谭维齐　安庆职业技术学院
董新民　安徽国际商务职业学院
孙　刚　南京信息职业技术学院
李洪德　青海柴达木职业技术学院
王国强　甘肃交通职业技术学院

基于产教融合校企共建产业学院创新体系简介

基于产教融合校企共建产业学院创新体系是天津滨海迅腾科技集团有限公司联合国内几十所高校,结合数十个行业协会及1 000余家行业领军企业的人才需求标准,在高校中实施十年而形成的一项科技成果,该成果于2019年1月在天津市高新技术成果转化中心组织的科学技术成果鉴定中被鉴定为国内领先水平。该成果是贯彻落实《国务院关于印发国家职业教育改革实施方案的通知》(国发〔2019〕4号)的深度实践,开发出了具有自主知识产权的"标准化产品体系"(含329项具有知识产权的实施产品)。从产业、项目到专业、课程,形成了系统化的操作实施标准,构建了具有企业特色的产教融合校企合作运营标准"十个共",实施标准"九个基于",创新标准"七个融合"等全系列、可操作、可复制的产教融合系列标准,取得了高等职业院校校企深度合作的系统性成果。该成果通过企业级卓越人才培养解决方案(以下简称"解决方案")具体实施。

该解决方案是面向我国职业教育量身定制的应用型技术技能人才培养解决方案,是以教育部—滨海迅腾科技集团产学合作协同育人项目为依托,依靠集团的研发实力,通过联合国内职业教育领域相关的政策研究机构、行业、企业、职业院校共同研究与实践获得的方案。本解决方案坚持"创新校企融合协同育人,推进校企合作模式改革"的宗旨,消化吸收德国"双元制"应用型人才培养模式,深入践行基于工作过程"项目化"及"系统化"的教学方法,形成工程实践创新培养的企业化培养解决方案,在服务国家战略——京津冀教育协同发展、"中国制造2025"(工业信息化)等领域培养不同层次的技术技能型人才,为推进我国实现教育现代化发挥了积极作用。

该解决方案由初、中、高3个培养阶段构成,包含技术技能培养体系(人才培养方案、专业教程、课程标准、标准课程包、企业项目包、考评体系、认证体系、社会服务及师资培训)、教学管理体系、就业管理体系、创新创业体系等,采用校企融合、产学融合、师资融合"三融合"的模式在高校内共建大数据(AI)学院、互联网学院、软件学院、电子商务学院、设计学院、智慧物流学院、智能制造学院等,并以"卓越工程师培养计划"项目的形式推行,将企业人才需求标准、工作流程、研发规范、考评体系、企业管理体系引进课堂,充分发挥校企双方的优势,推动校企、校际合作,促进区域优质资源共建共享,实现卓越人才培养目标,达到企业人才招录的标准。本解决方案已在全国几十所高校实施,目前形成了企业、高校、学生三方共赢的格局。

天津滨海迅腾科技集团有限公司创建于2004年,是以IT产业为主导的高科技企业集团。集团业务范围覆盖信息化集成、软件研发、职业教育、电子商务、互联网服务、生物科技、健康产业、日化产业等。集团以科技产业为背景,与高校共同开展"三融合"的校企合作混合所有制项目。多年来,集团打造了以博士研究生、硕士研究生、企业一线工程师为主导的科研及教学团队,培养了大批互联网行业应用型技术人才。集团先后荣获全国模范和谐企业、国家级高新技术企业、天津市"五一"劳动奖状先进集体、天津市"AAA"级劳动关系和谐企业、天津市"文明单位"、天津市"工人先锋号"、天津市"青年文明号"、天津市"功勋企业"、天津市"科技小巨人企业"、天津市"高科技型领军企业"等近百项荣誉。集团将以"中国梦,腾之梦"为指导思想,深化产教融合,坚持围绕产业需求,坚持利用科技创新推动生产,坚持激发职业教育发展活力,形成"产业＋科技＋教育"生态,为我国职业教育深化产教融合、校企合作的创新发展作出更大贡献。

前　言

Premiere Pro 简称"PR"，是由 Adobe 公司开发并发行的一款常用的视频编辑、影视特效处理软件。它可以提升创作者的创作能力和创作自由度，是一款易学、高效、精确的视频剪辑软件。Premiere Pro 提供了采集、剪辑、调色、美化音频、字幕添加、输出、DVD 刻录等一整套流程，并和其他 Adobe 软件高效集成，使创作者足以完成在编辑、制作、工作流上遇到的所有挑战，能够满足创建高质量作品的要求。

作为 Adobe Creative Cloud 创意应用软件的重要组成部分之一，Premiere Pro 一直在不断推陈出新，最新版本的 Premiere Pro CC 2020 在继承之前版本的基础上，提供了更丰富的功能、更简洁的界面和更便捷的操作。

本书全面讲解了 Premiere Pro CC 2020 视频剪辑制作技法。全书共 6 个项目，知识模块包含混剪视频制作、动态片头制作、定格转场视频制作、视频的颜色调整与校正、动态字幕制作、抖音短视频制作。内容涉及视听语言基础知识以及软件的常用工具、面板与命令，对 Premiere Pro 的常用操作、视频剪辑、视频效果、视频过渡、视频调色、关键帧动画、视频抠像、文字制作、音频效果制作和作品输出进行了透彻的讲解，内容以"基于工作过程（含系统化）"的思路进行编写，每个项目安排多个"企业级项目"实训案例。

本书为零基础读者量身定制，深入浅出地对 Premiere Pro CC 2020 的各项操作功能进行了详细的讲解，并以天津滨海迅腾科技集团为依托，以企业级项目为背景，在知识点中穿插大量实际应用的企业级项目实训案例，开展基于工作过程（含系统化）的案例教学模式。项目案例覆盖多种视频载体、多种创作风格，可轻松应对影视后期剪辑师面临的各种制作需求。本书主要特点是基于工作过程（含系统化）的"企业级"系列实战项目贯穿全文知识点，使读者在实际项目操作中轻松、快速地学习并熟练运用 Premiere Pro CC 2020。本书是针对全国职业院校教学改革创新需要编写的企业级卓越人才培养解决方案规划教材，适合职业院校学生使用。

本书由樊凡、艾静蕊共同担任主编，时军艳、杨婷婷、云利杰、邓先春、郑思思、石永英担任副主编，樊凡、艾静蕊负责整书编排。项目一和项目二由樊凡负责编写，项目三由艾静蕊负责编写，项目四由时军艳、杨婷婷负责编写，项目五由云利杰、邓先春负责编写，项目六由郑思思、石永英负责编写。

本书理论内容简明、扼要，实例操作讲解细致，步骤清晰，实现了理论与实例相结合，操作步骤后有相对应的效果图，便于读者直观、清晰地看到操作效果，牢记书中的操作步骤。

天津滨海迅腾科技集团有限公司

2020 年 12 月

目　录

项目一　制作混剪视频

随着 5G 时代的到来，许多线下企业和商家纷纷转型线上，寻求在各大视频平台的发展，影视行业包括短视频行业即将迎来前所未有的机遇，视频后期包装制作的需求量也日益增大，就业前景稳定，薪资待遇高。从专业角度来说，影视创作一般分为前期和后期两个阶段，前期工作涉及为获取原始影像素材和原始声音素材进行的一系列工作，包括选题、策划、采访、实际拍摄等，其中拍摄是核心环节。后期工作包括平面设计、特效制作、剪辑、调音调色等一些复杂的工作，但对于刚接触的人来说，最容易上手的就是剪辑。好的影视作品不但要故事情节好，还要通过剪辑来表现，只有剪得生动，才能体现出一部作品的优秀。剪辑是影视作品艺术创作过程中的最后一次再创作，其重要性不言而喻。本项目旨在通过混剪视频的制作，讲解视频剪辑相关知识，使读者在任务实现过程中做到以下几点：

- 认识线性编辑和非线性编辑；
- 熟悉视频编辑中的常见术语；
- 了解视频剪辑后期工作流程；
- 了解视频剪辑的常见类型；
- 掌握 Premiere Pro 中的剪辑工具；
- 通过实践掌握混剪视频的后期剪辑与制作方法。

剪辑是剪切与编辑的结合，将各种视频剪切成一个个视频片段，然后对这些片段进行重组，加以各种特效，配上合适的文字说明，一个视频的剪辑就基本完成了。在一些剪辑中，还需要给视频片段配上适当的背景音乐与特殊音效。剪辑是影响影视作品效果的重要因素。不同的剪辑方案对同一作品产生的影响力有着巨大的差异。在剪辑时需要剪辑师们运用自己熟练的剪辑技术，以创新性的思维和方式对视频片段进行编辑，从而吸引观众的注意力，给观众焕然一新的感觉，达到影视作品的传播目的。本项目以混剪视频的后期剪辑制作为载体，从视听语言到 Premiere Pro 软件的应用技巧，带领读者快速入门视频剪辑制作。

技能点一　线性编辑和非线性编辑

视频编辑制作的方式可以分为线性编辑和非线性编辑两种。

一、线性编辑

线性编辑指的是一种需要按时间顺序从头至尾进行编辑的制作方式,它所依托的是以一维时间轴为基础的线性记录载体,如磁带编辑系统。素材在磁带上按时间顺序排列,这种编辑方式要求编辑人员首先编辑素材的第一个镜头,结尾的镜头最后编辑,它意味着编辑人员必须对一系列镜头的组接作出确切的判断,事先做好构思,一旦编辑完成,就不能轻易改变这些镜头的组接顺序,因为任何改动,都会直接影响从改动点直至结尾的所有部分,以至需要重新编一次或者进行复制。线性编辑又称在线编辑,传统的电视编辑就属于此类编辑,是直接用母带来进行剪辑的方式。如果要在编辑好的录像带上插入或删除视频片段,那么在插入点或删除点之后的所有视频片段都要移动,在操作上很不方便。

二、非线性编辑

非线性编辑是组合和编辑多个视频素材的一种方式。它使用户在编辑过程中的任意时刻均能随机访问所有素材。非线性编辑技术融入了计算机和多媒体这两个先进领域的前端技术,集录像、编辑、特技、动画、字幕、同步、切换、调音、播出等多种功能于一体,改变了人们剪辑素材的传统观念,克服了传统编辑设备的缺点,提高了视频编辑的效率。相对于线性编辑的制作途径,非线性编辑是在电脑中利用数字信息进行的视频、音频编辑,只需要使用鼠标和键盘就可以完成视频编辑的操作。数字视频素材的取得主要有以下两种方式。一种是先将录像带上的片段采集下来,即把模拟信号转换为数字信号,然后存储到硬盘中再进行编辑。现在很多电影、电视剧的制作过程,就是采用这种方式取得数字化视频,在电脑上进行特效处理后再输出的。另一种就是用数码摄像机直接拍摄得到数字视频。数码摄像机在拍摄中,就即时地将拍摄内容转换成数字信号,只需在拍摄完成后,将需要的片段输入电脑中。

Adobe 系列的 Premiere Pro(图 1-1 为 Adobe Premiere Pro 2020 版本的启动界面)是目前最流行的非线性视频编辑软件,也是全球用户最多的非线性视频编辑软件。它的功能非常强大,提供了采集、剪辑、调色、美化音频、字幕添加、输出、DVD 刻录等一整套流程,通过对加入的图片、背景音乐、特效、场景等素材与视频素材进行重新混合,对视频源进行切割、合并,经过二次编码后,生成具有不同表现力的新视频,在 Windows 和 Mac 平台都可以使用,广泛应用于广告制作和影视制作中。它既可以制作出高质量的视频,又有很好的兼容性,能和其他 Adobe 软件高效集成,是视频剪辑的不二之选。

图 1-1

技能点二　视频编辑中的常见术语

在使用 Premiere Pro 进行视频剪辑制作的时候,会涉及许多专业术语。理解这些术语的含义,是充分掌握该软件的基础。

一、时长

时长是指视频的时间长度,对于一般的影视作品来说,其基本单位是"秒";但对于 Premiere Pro 来说,更为精准的时间单位是"帧",假如将 1 秒分成若干等份,一份就代表一帧,所以 Premiere Pro 里视频显示的时间长度表述为"时:分:秒:帧",例如视频为 25 帧 / 秒,则表示 25 帧时向前递进 1 秒,如图 1-2 所示。

图 1-2

二、帧

帧是组成影片的每一幅静态画面。无论是电影还是电视,都是利用动画的原理使图像产生运动。动画是一种将一系列差别很小的画面以一定速率连续放映而形成运动视觉的技术。根据人类的视觉暂留现象,连续的静态画面可以产生运动效果。构成动画的最小单位为帧(Frame),即组成动画的每一幅静态画面,如图 1-3 所示。一帧就是一幅静态画面。

图 1-3

三、帧速率

帧速率是图像领域中的定义，是指画面每秒传输帧数，测量单位为"每秒显示帧数"，也就是 fps。帧速率越高，视频越流畅，基本上每秒 24 帧的视频就很流畅了。以下为常见视频类型的帧速率。

1. 24 fps(适用于电影拍摄)

20 世纪 20 年代末的电影公司以 24 fps 作为行业标准，以这个标准拍摄电影不仅成本最低而且还能带来不错的观影体验。现在大多数电影也都按这个标准来进行拍摄，较高的帧速率能捕捉到更多的运动细节，让动作显得更为真实和流畅。当然，为了追求更为极致的视觉体验，有些电影也选择了更高的帧速率，例如《霍比特人》《阿凡达》采用 48 fps 拍摄，48 fps 放映，《比利林恩的中场战事》采用 120 fps 拍摄，120 fps 放映。

2. 25/30 fps(适用于电视拍摄)

常见的电视信号制式是 PAL 和 NTSC。北美洲、日本、南亚等国家及地区普遍采用的是 29.97 fps（简化为 30 fps），这种制式称为 NTSC；在中国、中东地区和欧洲等国家和地区，采用的是 25 fps，这种制式称为 PAL。网络视频一般是 30 fps 或者 60 fps。

3. 50/60 fps(适用于运动类动作拍摄)

50 fps 和 60 fps 非常适合运用在快速动作的拍摄上。拍摄完成之后还可以通过后期制作进行帧速率转换，让较高的帧速率慢慢降低到 30 fps，然后变成一个慢动作视频。

4. 120/240 fps(适用于慢动作拍摄)

超高的帧速率能够让慢动作镜头产生极端的效果。根据摄影机参数设置的上限可以拍摄 120 fps 或 240 fps 的慢动作。

四、帧大小

帧大小是指帧（视频）的宽和高。宽和高用像素数量表示，一个像素可以理解为一个小方格。比如一段 HD 视频是 1920×1080，就是宽为 1920 个像素，高为 1080 个像素，那么可以算出 HD 的一帧画面里包含 1920×1080=207 万个像素。帧尺寸越大，视频画面也就越大，像素数也就越多。在 Premiere Pro 中设置帧大小如图 1-4 所示。

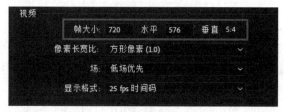

图 1-4

五、像素长宽比

像素长宽比是指每一个像素的长宽比。像素的小方格如果是正方形，那么像素长宽比就是 1.0；如果是长方形，像素长宽比通常是 0~2 之间的小数，在 Premiere Pro 中设置像素长宽比，如图 1-5 所示。

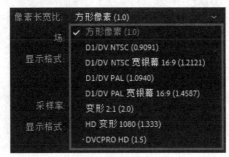

图 1-5

六、画面尺寸

画面尺寸指实际显示画面的宽和高，是与帧大小相关的一个概念，比如一段视频帧大小是 1920×1080（1.0），括号内是像素长宽比，我们知道每个像素都是正方形，因此这个视频实际显示出来就是 1920×1080；另一段视频帧大小是 1440×1080（1.333），我们就能够算出宽是 1440×1.333=1920，所以这个视频显示出来也是 1920×1080。由于某些播放器不能正确识别视频的像素比，所以会导致某些视频显示变形，为了避免这种情况，通常不会输出类似 1440×1080（1.333）这样的视频，而是直接输出 1920×1080（1.0）。

七、场

视频素材分为交错式和非交错式。交错视频的每一帧分成高低场，就是一条条线一样隔行扫描视频；非交错视频是逐行扫描的，不分高低场也就是无场，是直接从上向下显示的，如图 1-6 所示。

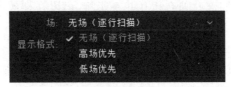

图 1-6

八、深度

深度指的是色彩深度。对于普通的 RGB 视频来说，8 bit 是最常见的，对应到 Premiere Pro 里，RGB 是三个通道，乘以每个通道的 8 bit，就是最常见的 24 bit。32 bit 一般是多了一个 Alpha 通道，也就是蒙版。同理可知，12 bit 深度在 Premiere Pro 里对应的是 36 bit，16 bit 深度对应的是 48 bit。

九、关键帧

关键帧指素材中的特定帧,标记为进行特殊的编辑或其他操作,以便控制完成动画的流、回放或其他特性,如图 1-7 所示。

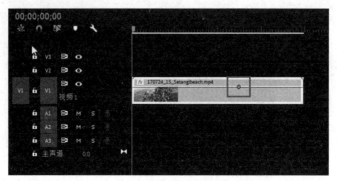

图 1-7

十、画面比例

画面比例指视频画面实际显示宽和高的比值,可以用两个整数的比来表示,也可以用小数来表示,如 4∶3 或 1.33。电影、标清电视 (SDTV) 和高清晰度电视 (HDTV) 具有不同的宽高比,标清电视的宽高比是 4∶3;高清晰度电视和扩展清晰度电视 (EDTV) 的宽高比是 16∶9 或 1.78;电影的宽高比为早期的 1.33 到现在宽银幕的 2.77。由于输入图像的宽高比不同,便出现了在某一宽高比屏幕上显示不同宽高比图像的问题。

十一、声道

声道分为单声道、立体声;2 声道、5.1 声道;6 声道和多声道;更多声道。

十二、声轨

声轨是指一段视频里包含的相互独立的不同声音轨道。可以理解为原来 DVD 里的中文轨道、英文轨道等等,它们彼此独立相互并不影响,可以在播放器里切换。

十三、声音深度

声音深度与视频深度类似,也有 16 bit、24 bit 等,Premiere Pro 都可支持,一般采用 16 bit 即可。

十四、导入 / 导出

导入是将一组数据从一个程序置入另一个程序的过程。文件一旦被导入,数据将被改变以适应新的程序而不会改变源文件,如图 1-8 所示。导出是在应用程序之间分享文件的过程。导出文件时,要使数据转换为接收程序可以识别的格式,源文件将保持不变,如图 1-9 所示。

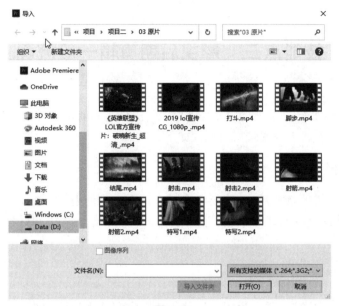

图 1-8

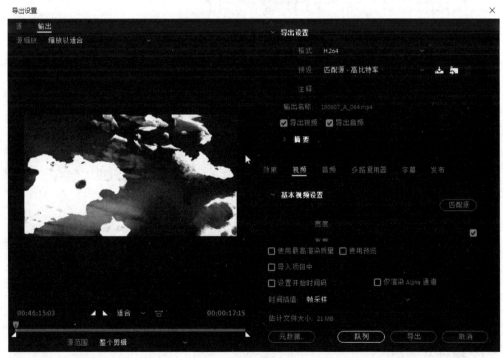

图 1-9

十五、渲染

渲染是素材输出时在应用了各种效果之后,将源信息组合成单个文件的过程。

技能点三　　影视后期剪辑一般流程

前期拍摄完所有素材后,根据主题及脚本,选择合适的剪辑软件,就可以开始对音视频素材进行剪辑制作了。一般视频剪辑流程如下。

一、整理素材

准备好前期拍摄的素材后,一定要将素材整体看一到两遍,熟悉前期都拍了哪些内容,对每条素材都要有大概的印象,在熟悉完素材后,需要结合这些素材和脚本整理出剪辑思路。

二、粗剪

将素材整理完成之后,接下来的工作就是在剪辑软件中按照分类好的戏份场景进行拼接剪辑,挑选合适的镜头将每一场戏份镜头流畅地剪辑下来,然后将每一场戏按照剧本叙事方式拼接。这样整部影片的结构性剪辑就基本完成了。

三、精剪

完成了粗剪后,剪辑师还需要对影片进行精剪。精剪是对影片节奏及氛围等方面做精细调整,对影片做减法和乘法,减法是在不影响剧情的情况下,修剪掉拖沓冗长的段落,让影片更加紧凑,乘法是使影片的情绪氛围及主题得到进一步升华。

四、采集音乐素材

配乐是整部片子风格的重要组成元素,对影片的氛围及节奏也有很大影响。合适的配乐可以给影片加分。而音效则使片子在声音上更有层次。

五、添加特效及字幕

影片剪辑完成后,需要给影片添加字幕及制作片头片尾特效。

六、调整色调

所有剪辑工作完成之后,需要对影片进行颜色统一校正和风格调色。

七、检查并输出

最后一步查看整个片子哪个地方的画面搭配得不合适,是否有重复的片段。查看视频末尾是否有空白,视频是否出现丢帧的情况,字幕是否有错别字等。最后将剪辑好的影片渲染输出,也就是导出视频成片。

值得一提的是,后期剪辑的最终效果,不取决于使用哪种软件,要想制作出精良的作品,需要懂得视听语言、剪辑最基本的结构原理、镜头与镜头之间的关系处理、节奏的把握等等，建议大家多去了解相关知识。

技能点四　视频混剪相关概述

混剪，就是将一部或者多部影片、视频的片段镜头，通过一定的剪辑手法重组拼接来表达一个主题。对于大部分刚接触视频剪辑的人来说，练习混剪对学习视频剪辑有一定帮助，因为制作混剪可以培养剪辑师搜集、管理素材的能力。首先，即使剪一个两三分钟的混剪视频都需要先阅览非常多的影片素材；其次，混剪的原始素材需要从不同的渠道下载、转码、去水印，大量的视频素材如何管理，才能最快、最准确地找到想要的镜头片段，这是在考验"准剪辑师"的素材管理能力。制作一部优秀的混剪视频需要遵循以下几个原则。

一、选好主题

混剪的第一步，就是为作品构思一个主题和剪辑思路。一个有趣、清晰的思路有利于理清混剪的结构，也有利于寻找素材时更有针对性。一部集合了众多影片画面的混剪作品能让人看懂和记住，最重要的就是要有内在的逻辑和结构，同时这个主题也决定了这部作品的复杂度和容载量。选题没有优劣之分，最终的评判标准是作品的完成度。不过在某种程度上，更大的容载量和复杂度更能体现剪辑师的混剪水准。

二、结构合理

选好主题之后就是确定结构。几个镜头组成一组，几组镜头组成一个段落，几个段落组成整个成片，这是基本的影片构成。混剪由于素材十分零散，清晰合理的逻辑结构和情绪传递必须贯穿始终，一组镜头要保持一个内容、一个主题、一种情绪；组与组之间要有递进或者承接的关系；段落和段落之间或堆积延续情绪，或完成反转都需要更合理的安排。一部好的混剪作品，情绪曲线必然有几个起伏，而不是一条直线。爆发之前压抑，激荡之后静默，有低才有高，有慢才有快，节奏和情绪都是回旋着推进的。

三、视听语言使用正确

优秀的混剪作品一定会注重视听语言的应用，镜头组接和声画配合要符合基本的组接规律。制作一部混剪作品可以参照以下几点。

1. 素材管理

选择一款剪辑软件后，要学会对素材做分类。最好用不同的标记将不同种类的情节做好划分。分类不怕多，越细致对后期剪辑越有利。标记分类可以根据剪辑思路来，或者按照运镜方式、景别等进行划分，也可以将内容相似的镜头放在一起。比如把干杯、相聚、拥抱、分离等都按照类别进行保存。

2. 镜头组接

在整个作品具有逻辑的前提下，每个画面的拼接也应遵循一定的规律。最基本的是要注意动作的连续性，比如前后镜头的视点和动势最好接上，不要一组镜头的视觉重心胡乱跳跃。不管是镜头运动还是被摄物体运动，方向和速率最好能承接和延续，比如一个镜头是将要射出一箭，下个镜头就要交代射箭的方向，还有目标，这样才是连贯的信息，不能有头没尾，让观众去猜测。

3. 音乐与音效

通常在确定好混剪的主题和风格后，最好先准备合适的配乐，再剪辑画面。根据音乐节奏来卡点画面，会使混剪更为顺畅，更有节奏感。一般短视频的混剪建议采用一首背景音乐，这样在听感上不会有被打断的感觉，尤其在快节奏短片中，配乐起到的作用要远远大于长片，找到一段与视频主题匹配并且炸裂的音乐，可以说整个剪辑就成功了一半。如果混剪的作品时长较长或者有其他需求，则不宜直接使用未经处理的一整段音乐，应根据不同的段落和不同的情绪需要使用不同的音乐。一段好的音乐，也不会巧合到能完全契合整部影片的节奏。

所以，对音乐的拼接、截短、延长、急收、暴起都是剪辑师必备的技能。通常可以使用两种技巧来处理音乐：第一种是过渡，两段音乐风格相似时，可以用淡入淡出的方法拼接，或者卡一个比较重的节拍，用于过渡；第二种是切断，两段音乐风格相差较大时，可以完全切断，转场的部分可以利用静音配画面黑屏来完成，给观众从上一段视听情绪里出来的时间，或者利用音效、台词强行切断第一段音乐带起下一段音乐。以上两种方法也可以同时使用，比如在淡入淡出的地方加入一些台词或者音效，以切断第一段音乐。

技能点五　　镜头组接相关概述

一部影视作品的题材、风格，以及气氛的渲染、人物的情绪、情节的起承转合等都是影片节奏的构成要素。要想让观众能够很直观地感觉到节奏的表达，不仅需要演员的表演、镜头的运用，以及场景、时空变化等前期拍摄，还需要合理的后期剪辑制作才能完成。换而言之，镜头组接控制了影片节奏的最终走向。在进行镜头组接的过程中，影片内每个镜头的衔接都要以影片内容为出发点，并在此基础上调整或控制影片节奏。

一、镜头组接概念

镜头组接就是把单个的镜头依据一定的规律（人的视觉特点、思维逻辑等）和目的（如创作者的表现意图等）组接在一起，形成具有一定含义并且内容完整的影视作品。首先在文字稿本上进行镜头组接的构思、写作，然后通过技术操作拍摄制作完成，是影视作品特有的表现手段。镜头组接的目的就是系统、完整地叙述事情、表达思想、制造效果。镜头组接不只是将零散的镜头拼凑在一起，而是一种目的明确的再创作。在镜头组接过程中，单个镜头的时空局限被打破，意义得以扩展、延伸。影视作品通过不同的镜头组接而获得生命力。

二、镜头组接规律

镜头组接必须做到自然、符合实际，才能取信于观众。镜头组接的一般规律有以下几点。

1. 符合一般逻辑关系

镜头组接的作用就是要表现一种人的视觉所能接受的、屏幕特有的时空连贯，它是对现实时空的重新组合。这种重新组合要想被观众所理解、接纳，就必须符合人们的视觉规律及思维逻辑。如果影视作品的编排缺乏逻辑关系，必然会使观众难以理解片子想要阐述的内容与思想。简单来讲，人的思维逻辑和视觉规律有以下几个特点。

1）人们具有将两个事物联系起来思考的倾向，或者说人们的思维习惯于在相邻的事物间建立某种逻辑联系。例如，一定的原因会引起相应的后果，这是事物发展规律最常见的因果关系；或是相互关联的两件事或几件事，在同一时间的不同地点发生，或者某一时间内，某一事件在不同范围内产生相互联系的并列关系；抑或是像体育比赛、文艺演出等活动，既有场上、台上的运动员、表演者，也有场下、台下的观众，他们形成一种对应关系；又或是像杜甫的诗中写到的"朱门酒肉臭，路有冻死骨"这样充满了矛盾和冲突的对比关系。

2）人们在观察客观事物时具有忽略次要情节的倾向。这是人类思维，尤其是视觉思维的一个重要特点。现实生活中人们通常只关心那些主要的、能引起自己兴趣的事物。所谓"有话则长、无话则短"，影视画面编辑所做的正是选择那些能引起观众注意的、对表达叙述最具重要作用的镜头，并将它们组接在一起；舍弃那些次要情节，以免造成观众注意力的分散，或引起厌烦情绪。

3）在一定的时间段内，人们对事物的观察具有普遍性。事物的客观发展规律和人们的生活经验决定了人们在同一时间内观察事物会有共性。那种混乱、怪诞和自相矛盾的描述是不被大众接受的。由于影视作品通常是分镜头拍摄的，不同镜头在拍摄时间、地点上往往也会有所不同，这就更要求我们在组接镜头时要合乎逻辑、合乎情理，保持前后镜头在时间和空间上的连贯性和一致性。

2. 场景的变化要适度

场景与场景间的镜头转换要做到前后场景或上下段落间过渡得合理、自然。通常来说，一个场景中"景"的发展不宜过分剧烈，否则不易与其他镜头进行组接。反过来说，如果"景"的变化不大，并且拍摄角度的变换也不大时，同样不利于和其他镜头的组接。这是由于人们对客观事物的观察是渐进式的。人们的观察是连贯的，看东西总是由粗到细、由远及近，先观察事物全貌，后看局部，再看事物的某一细节特征；或者反过来，先局部后整体，并在这种分析、综合过程中循环往复。这种视觉规律和思维方式是镜头组接的依据。循序渐进地变换不同视觉距离的镜头，可以具有顺畅的连接，进而形成各种蒙太奇句型，具体内容如下。

（1）前进式句型

这种叙述句型是指景物由远景、全景向近景、特写过渡，用来表现由低沉到高昂向上的情绪和剧情的推进发展。

（2）后退式句型

这种叙述句型与前进式句型相反，景别是由近到远，表示由高昂到低沉、压抑的情绪，在影片中表现由细节扩展到全部。

（3）环行句型

这种叙述句型把前进式和后退式的句子结合在一起使用。由全景——中景——近景——特写，再由特写——近景——中景——远景，或者也可反过来运用，情绪由低潮到高昂，再由高昂转向低潮。这类句型一般在影视故事片中较为常见。

在镜头组接的时候，如果遇到同一机位，同景别又是同一主体的画面是不能组接的。因为这样拍来的镜头景物变化小，一幅幅画面看起来雷同，接在一起好像同一镜头不停地重复。在另一方面这种机位、场景变化不大的两个镜头接在一起，只要画面中的景物稍有变化，就会在人的视觉中产生跳动，破坏画面的连续性。如果后期制作时遇到这样的情况，除了把这些镜头重拍（适用于镜头量少的情况）以外，最好的办法是采用过渡镜头，例如从不同角度补拍再组接，又或穿插字幕过渡等。这样组接后的画面就不会产生跳动、断续和错位的感觉。

3. 遵循轴线规律

在拍摄或剪辑过程中，要注意保证画面方向的统一性，其目的在于正确处理镜头间的方向关系，使观众对各个镜头所表现的空间有完整、统一的感觉，要做到这一点，就必须熟练掌握"轴线规律"。所谓"轴线规律"一般指被摄对象和被摄主体的"动作轴线"，它是由被摄主体运动所产生的一条无形的线，或称为主体运动轨迹。在拍摄一组相连的镜头时，摄像机的方向应限于轴线的同一侧。拍摄角度无论在水平方向上怎样变化，都不允许发生"跳轴"现象。否则，在组接镜头时，便会出现主体"撞车"的现象，此时的两组镜头便互为跳轴画面。在后期编辑过程中，跳轴画面除了特殊需要外基本无法与其他镜头相组接。

例如在一部电影中，其中 A、B 是电影角色，摄像机位模拟旁观者视角，也就是观众（C）的视角，观察 A 和 B 的行为。预设 C 站在 A 和 B 的一侧，先后看到 A 的右脸和 B 的左脸，在摄影机拍这段戏的时候，一定是 A 说话的时候从 A 的右边拍过去，而 B 说话的时候从 B 的左边拍过去，然后将画面剪辑在一起，才会给人一种"C 在看 A 和 B 说话的感觉"，也就是图 1-10 中 1 至 5 号机位拍摄的镜头是可以互相剪辑在一起的。如果摄像机在下面拍了 A 的右脸，又到上面去拍 B 的右脸，如图 1-10 中 1 至 5 号机位拍摄的镜头和 6 号机位的镜头剪接在一起，给人的感觉就会比较别扭，观众很容易看不明白这段对话是怎么接的，对场景的空间也会感到混乱。在制作混剪视频的时候同样需要注意这一问题，把不同影片的人物剪辑在同一组镜头中时，要注意画面的轴线，不要产生跳轴现象。

4. 遵循"动接动""静接静"的原则

当两个镜头内的主体始终处于运动状态，且动作较为连贯时，可以将两组动作组接在一起，从而达到顺畅、简洁过渡的目的，该组接方法称为"动接动"，与之相对应的是，如果两个镜头的主体运动不连贯，或者它们的画面之间有停顿时，则必须在前一个镜头内的主体完成一套动作后才能与第二个镜头相组接，且第二个镜头必须从静止的镜头开始，该组接方法便称为"静接静"。在"静接静"的组接过程中，前一个镜头结尾时停止的片刻叫"落幅"，后一个镜头开始时静止的片刻叫"起幅"，起幅与落幅的时间间隔大约为 1~2 秒。运动镜头和固定镜头组接同样需要遵循规律。如果一个固定镜头要接一个运动镜头，则运动镜头开始要有起幅；相反运动镜头接一个固定镜头，那么运动镜头要有"落幅"，否则画面就会给人一种跳动的视觉感。为了特殊效果，偶尔也有静接动或动接静的镜头。

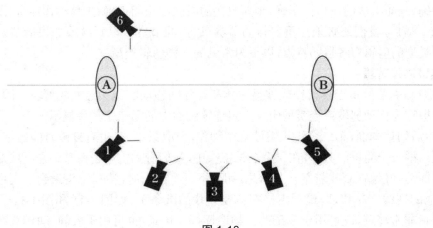

图 1-10

三、镜头组接过渡时长

在影视后期制作组接镜头时,对于每个镜头停滞时间的长短,不仅要考虑剧情节奏和观众感受,还需要考虑画面构图及画面内容等因素。例如,在处理远景、中景时,镜头呈现的内容较多,这就需要安排较长的时间,以便观众看清这些画面上的内容;对于近景、特写等空间较小的画面,因为画面内容较少,所以可适当减少镜头的停留时间。此外,画面内的一些其他因素也会对镜头停留时间的长短起到制约作用。例如,画面内较亮的部分往往比较暗的部分更能引起人们的注意,也更容易看清,因此在表现较亮部分时可适当减少停留时间;如果要表现较暗的画面,可以适度延长停留时间。在同一幅画面中,动的部分比静的部分先引起人们的视觉注意。因此当重点要表现动的部分时,镜头停留时间要短些;而重点要表现静的部分时,则镜头停留时间应该稍微长一些。

四、镜头组接节奏

影视作品的题材、样式、风格以及情节的环境气氛、人物的情绪、情节的起伏跌宕等是整部作品节奏的总依据。影片节奏除了可以通过演员的表演、镜头的转换和运动、音乐的配合、场景的时间空间变化等因素体现以外,还需要运用组接手段,严格掌握镜头的尺寸和数量,整理调整镜头顺序,删除多余的枝节才能完成。处理影片的任何情节或一组画面,都要从影片表达的内容出发来处理节奏问题。例如,在一个静谧平和的环境里用了快节奏的镜头转换,就会使观众观感不佳,产生突兀跳跃的感觉。在一些节奏紧凑、情节跌宕起伏的画面中,就应该考虑到种种冲击因素,使镜头的变化速率与观众的心理要求保持一致。

五、镜头组接类型

在进行镜头组接时,需要考虑到镜头画面的分类,以及镜头画面的方向。镜头画面的分类包括镜头景距的变化、运动的变化、角度的变化、速度的变化、技巧的变化;镜头画面的方向则包括画面的方向、视觉的方向、事物运动的方向、地形的方向以及镜头轴线的方向。除此之外,我们还需要考虑画面剪辑的原则,即画面组接的剪辑点正确,包括画面本身和声音剪辑点正确、画面组接的逻辑性正确、画面组接的时间和空间正确、主体动作连贯、画面造型衔接正确。最后,我们还必须注重剪辑的节奏,适当的节奏可以舒缓或加快情节发展的速度。不同类型的剪辑有各自的特点,以下为常见的五种剪辑类型。

1. 连续动作剪辑

该类型涵盖了显示连续动作或被摄主体和客体间移动的镜头之间的剪辑。因此,这种剪辑有时被称为移动剪辑或连贯剪辑。一组连续画面中的第一个镜头显示一个人进行着某种动作,然后切换画面,第二个镜头继续这个动作,但取景不同,没有打破时间延续性,动作连贯完整。举一个简单的例子,在一个全景镜头中,我们看到主人公俯身站在一堵贴满便利贴的墙壁面前,好像在查找着某一条信息,切到下一个画面时,特写镜头来到了人物的侧后方,随着他的视线一起移动,最后定格在他要寻找的纸条上,如图 1-11 和图 1-12 所示。连续动作剪辑非常普遍,既可用于复杂的人物追逐打斗场景,也可用于安静、动作舒缓的情节剧。只要画面中有一组连续动作或连续的移动,剪辑师就可以用连续动作剪辑从另一个镜头中匹配相同的动作。该类型的剪辑以画面的运动过程为基础,根据实际生活规律的发展来连接镜头和转换场面,使内容和主体动作的衔接、转换自然流畅。这是构成影视片外部结构连贯的重要因素。

图 1-11　　　　　　　　　　　　　　　　　　图 1-12

2. 画面位置剪辑

这种剪辑有时被称为定向剪辑或定位剪辑。之所以被称为"定向"是因为观众的目光在剪辑的指引下锁定在屏幕四周。而之所以被称为"定位"是因为剪辑对切在一起的两个镜头中被拍摄的主体或客体做了特别的安排,从而使得观众的目光围绕画面上下左右移动。画面位置剪辑既可以是一次切,也可以是一次叠化,但在没有暗示时间流逝的情况下通常为切。

对一个场景镜头的最初构思、构图和拍摄的方式可以帮助剪辑师进行画面位置剪辑。场景中的两个镜头可以将观众的目光锁定在屏幕上。通常情况下,一个强烈的视觉元素占据画面的一侧并将其注意力或是动作引向另一侧。切入新的镜头后,被关注物通常显示在相反的一侧,满足了观众的视觉空间需求。例如在剪辑两人对话或者打电话的场景时,一般情况下,人物 A 在画面左侧,而人物 B 在下一个镜头中占据了画面的右侧(如图 1-13 和图 1-14 所示),由于观众的目光首先聚焦于画面左侧的人物 A,继而在剪辑点从画面上移开后聚焦于新镜头中的人物 B,因此可以说,镜像构图将画面位置很好地衔接在了一起。剪切实现了对话的连贯,同时也保证了声音的连贯。

图 1-13

图 1-14

3. 匀称剪辑

匀称剪辑指的是从一个具有明显形状、颜色、大小或声音的镜头切入另一个具有匹配形状、颜色、大小或声音的镜头。匹配的视觉元素需要正确处理构图,有时还涉及银幕方向。例如 PPT 所示案例的镜头切换,镜头一开始从女主年轻时候的面部特写慢慢推近到眼部的大特写,利用匀称剪辑的手法将画面逐渐转变为女主老年时的眼部特写,然后再将景别拉远,十分自然地完成整个场景的转换,并通过人物面部形态的转变表现了一种时光如梭、追忆往昔的感觉。匀称剪辑是一种艺术性极强的剪辑方式,可以通过场景、人物、形状、颜色,甚至声音的匹配达到自然的镜头切换效果。

匀称剪辑还时常用于平面广告和电视广告节目。由于在短短的几十秒内很难完成信息的传达,因此广告商尽量使用通俗易懂的图形元素来表达信息。镜头转换过程中呈现的浑然一体的对应效果使广告传达的信息更加清晰易懂,简洁明了。若匀称剪辑的叠化持续时间足够长,声音配合有序,那么镜头的衔接会更加自然流畅。

4. 概念剪辑

概念剪辑指的是在某个点将故事中看似无关的两个镜头接在一起,从而在观众脑海中形成一种想法、一个概念或一条信息,起到一定的心理暗示作用。比如图 1-15 和图 1-16 所示的这个电影案例中,侍卫为了保护皇上和反派在树林里激烈厮杀,在反派对侍卫进行致命袭击的瞬间,镜头一下切换到男主敲爆西瓜的画面,以此暗示侍卫的下场并完成场景的切换。两个场景的色调、配乐及内容反差极大,但是通过概念剪辑,很巧妙地将两组镜头衔接在一起,使观众的情绪随着场景的切换而跌宕起伏。

图 1-15

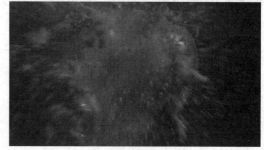

图 1-16

5. 综合剪辑

综合剪辑指的是同时使用了连续动作剪辑、画面位置剪辑、匀称剪辑及概念剪辑中的两种或两种以上的剪辑方法，一般呈现的效果也非常自然巧妙。在 PPT 所示的片段中，几位主人公坐在车里，随着音乐声响起而舞动起来，在拍手的瞬间，镜头切换到另一个拍手动作，转换后的镜头描述了几位主角年少时跳同一支舞的场景。在这段转场中，既有连续动作剪辑，又有匀称剪辑，所以场景的转换显得十分流畅。

技能点六　Premiere Pro 中的剪辑工具

作为一款应用广泛的视频编辑软件，Premiere Pro 具有从前期素材采集到后期素材编辑与效果制作等一系列功能，为人们制作高品质数字视频作品提供了完整的创作环境。Premiere Pro 中有多种素材编辑工具，能够轻松实现混剪视频素材的剪切和拼接，还可以对素材的播放速度、排列顺序等内容进行调整。

一、选择工具

选择工具▶是用来选择素材、菜单选项和其他对象的标准工具。一般情况下，在执行完其他工具的操作之后，最好再切换到选择工具，按下快捷键"V"也可回到选择工具的状态。当轨道或素材被选中时，将以高亮的状态显示，如图 1-17 所示。

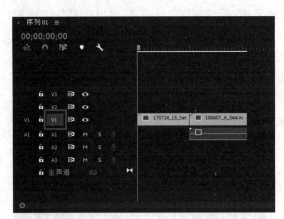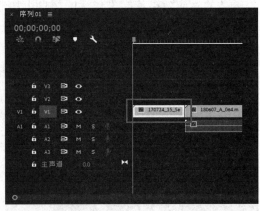

图 1-17

另外，将选择工具放置到素材的开始或结束处时，光标会发生变化，此时可以直接调整该素材的入点或出点。例如，使用选择工具，将光标移至一段素材的结尾处，光标形状发生改变，按下鼠标左键并向左拖动，可对出点部分进行剪切，如图 1-18 所示。

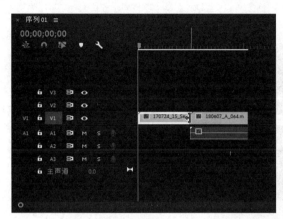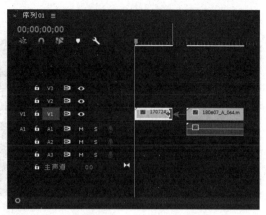

图 1-18

二、轨道选择工具

轨道选择工具包含向前轨道工具 ➡️ 和向后轨道工具 ⬅️。当时间轴中的轨道和视频素材比较多时,如果使用选择工具进行多选,需要框选或按住"Shift"键依次加选,操作过程容易出错。向前轨道工具可以选中时间轴中位于鼠标点击位置右侧所有的素材(快捷键"A");向后轨道工具可以选中时间轴中位于鼠标点击位置左侧所有的素材(快捷键"Shift+A"),如图 1-19 和图 1-20 所示。

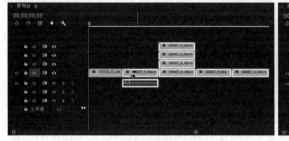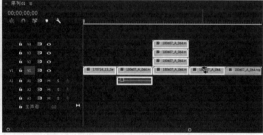

图 1-19　　　　　　　　　　　　　　图 1-20

使用向前 / 向后轨道选择工具时,默认选择单击位置右侧 / 左侧的所有轨道上的素材,如图 1-21 所示;若想要多选某个轨道的素材,在按下"Shift"键的同时单击鼠标左键即可,如图 1-22 所示。

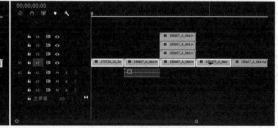

图 1-21　　　　　　　　　　　　　　图 1-22

若想移动选中的素材,可以在使用轨道选择工具的同时按住鼠标左键不放进行拖动,如

图 1-23 所示。

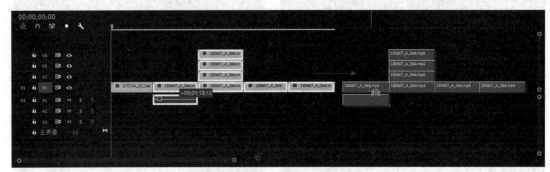

图 1-23

三、剃刀工具

剃刀工具 可以对时间轴中的素材进行一次或多次分割操作。选择剃刀工具，单击素材内的某一点后，该素材就会在此位置分割，如图 1-24 所示。

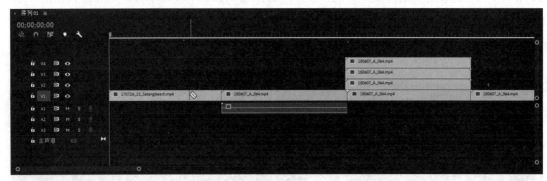

图 1-24

若要在某个时间位置分割所有轨道中的素材，则在使用剃刀工具在此时间位置单击鼠标左键的同时按住"Shift"键即可，如图 1-25 所示。

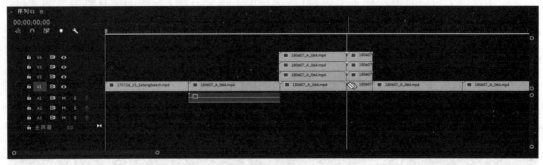

图 1-25

除了使用剃刀工具进行分割外，在当前时间指示器位置，按快捷键"Ctrl+K"也可以对选中轨道中的素材进行分割，或者按"Ctrl+Shift+K"组合键对全部轨道中的素材进行分割，如图 1-26 所示。

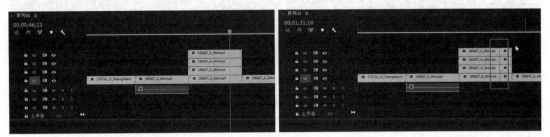

图 1-26

四、钢笔工具

使用钢笔工具 在"时间轴"面板中可以添加或调整关键帧,或是对水平线进行上下移动,以便修改视频素材的不透明度或者调节音频素材的音量大小。使用钢笔工具前首先要显示水平线,单击"时间轴显示设置"按钮 ,勾选"显示视频关键帧"和"显示音频关键帧"命令,视频 / 音频上的水平线变为可见状态,如图 1-27 所示。

图 1-27

使用钢笔工具时,在素材的水平线上单击可添加关键帧;若想调整关键帧的位置,用鼠标单击关键帧,按住鼠标左键并拖动即可,如图 1-28 所示。

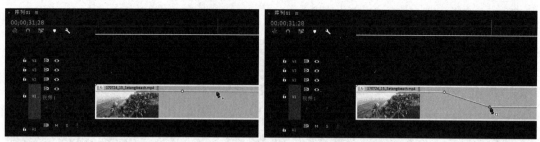

图 1-28

使用钢笔工具也可以整体调整水平线的高低。按住"Ctrl"键改变钢笔工具形状后,垂直拖动水平线可以调整不透明度。向上调整后不透明度加强直到最高值 100%;向下调整后不透明度降低直到转为最低值 0% 的黑场,如图 1-29 所示。若想调整水平线的曲率,单击需要调整的关键帧,按住"Ctrl"键可改变钢笔工具显示的形状,然后对方向句柄进行调整,如图 1-30 所示。在水平线上添加关键帧并调整位置经常用来制作视频素材不透明度的渐变过渡,或是音频素材音量的高低过渡。

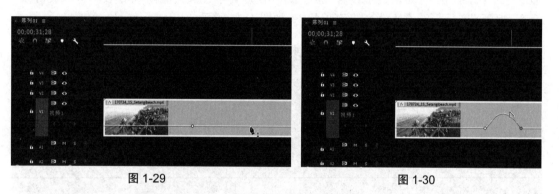

图 1-29　　　　　　　　　　　　　　　　　图 1-30

若要选择非连续的关键帧,可以按住"Shift"键并依次单击选中关键帧,如图 1-31 所示;若要选择某一时间段内的关键帧,可以用框选的方法进行选择,如图 1-32 所示。

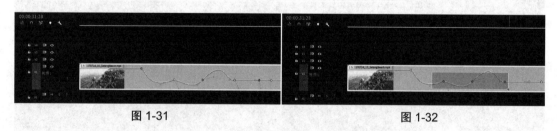

图 1-31　　　　　　　　　　　　　　　　　图 1-32

五、手形工具组

手形工具组包含手形工具 以及缩放工具 ,如图 1-33 所示。

图 1-33

1. 手形工具

当素材在"时间轴"面板上显示不完整时，手形工具🖐用于向左或向右移动时间轴以改变查看区域。使用手形工具在查看区域内的任意位置按住鼠标左键向左或向右拖动，可查看不同部分的内容，如图 1-34 所示。

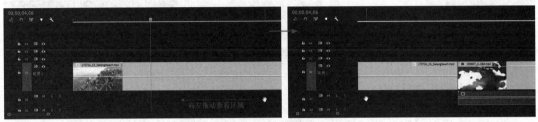

图 1-34

当素材在"节目监视器"面板上显示不完整时，在画面上使用手形工具按住并拖动即可查看局部画面，如图 1-35 所示。

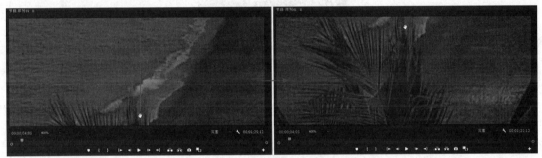

图 1-35

2. 缩放工具

缩放工具🔍用于放大或缩小时间轴的查看区域。使用缩放工具，在查看区域中单击鼠标左键将以 1 倍为增量对查看区域进行放大，如图 1-36 所示。

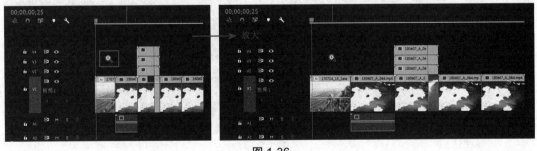

图 1-36

按住"Alt"键并单击鼠标左键，将以 1/2 为变量进行缩小，如图 1-37 所示。

图 1-37

六、波纹编辑工具组

波纹编辑工具组包含波纹编辑工具 ◄╟►、滚动编辑工具 ╫ 和比率拉伸工具 ↔，如图 1-38 所示。

图 1-38

1. 波纹编辑工具

使用波纹编辑工具可以修剪素材并按修剪量来移动轨道中的后续素材。当鼠标滑动至单个视频的开头或结尾时，按下鼠标左键并拖曳以调整选中视频的长度，前方或者后方的文件在编辑后会自动吸附，需要注意的是，修改的范围不能超出原视频的范围。例如，素材前后相邻时，剪掉第一个素材的后半部分，通常最原始的剪辑方法是，将第一个素材分割开，并删除右侧一部分，然后将第二个素材连接到第一个素材新的出点位置。这时候就可以使用波纹编辑工具来快速操作代替原始的剪辑方法。将时间轴指针移至第一个素材要剪辑的位置，使用波纹工具将第一个素材的出点拖至时间指示器位置，剪掉第一个素材的后半部分，第二个素材及右侧其他素材也一同向左侧移动，如图 1-39 所示。

图 1-39

2. 滚动编辑工具

使用滚动编辑工具 ╫ 可以在不影响轨道总长度的情况下，调整其中某个视频的长度。缩短其中某一个视频，其他视频变长；拖长其中某一个视频，其他视频变短，如图 1-40 所示。值得注意的是，使用该工具时，视频必须修改过长度，有足够剩余的时间长度来进行调整。

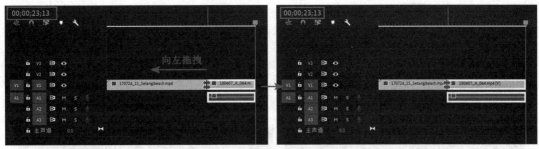

图 1-40

3. 比率拉伸工具

使用比率拉伸工具可以改变轨道里素材的出入点,同时会使得该素材在出点和入点不变的情况下加快或减慢播放速度,从而缩短或增加时间长度。选择比率拉伸工具,将鼠标放到"时间轴"面板的某一轨道里某个素材的开始或结尾处,按下鼠标左键并向左或向右拖动可以缩短或者延长该素材,入点和出点并未被剪切,当素材缩短时播放速度加快,素材延长时播放速度变慢,如图 1-41 所示。

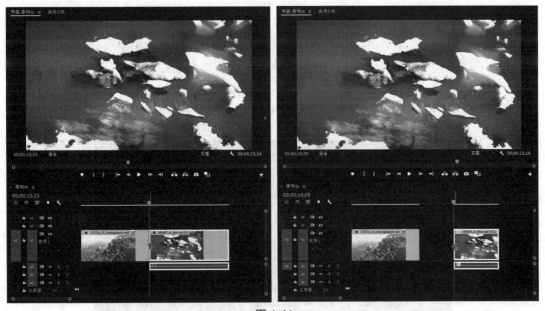

图 1-41

技能点七 项目实战——混剪视频制作

1)选择"文件→新建→项目"命令,在"新建项目"对话框中设置项目的存储位置和文件名,然后单击"确定"按钮,如图 1-42 所示。由于混剪视频一般所需的素材数量比较多也比较零碎,正式剪辑制作之前,最好先按类别创建素材箱以便于素材的归类,在项目面板中点击"新建素材箱"按钮,然后根据需要创建例如"序列""视频""音频""音效"等文件夹,如图 1-43 所示。

图 1-42　　　　　　　　　　　　　　　　图 1-43

2)单击"01 序列"素材箱,单击"新建项"按钮 ,在打开的"新建序列"对话框中,单击"设置",在新的编辑窗口中选择"编辑模式"为"自定义",将视频的"帧大小"设置为 1920×1080,"像素长宽比"选择"方形像素(1.0)","场"选择"无场",再为序列设置好名称,最后单击"确定"按钮即可,如图 1-44 所示。

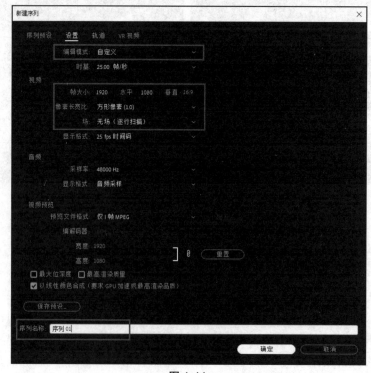

图 1-44

3）单击"03 音频"素材箱，在菜单栏中执行"文件→导入"命令，将"背景音乐"文件夹中的音频素材导入素材箱中，再将其拖曳到"序列 01"的时间轴中，如图 1-45 所示。

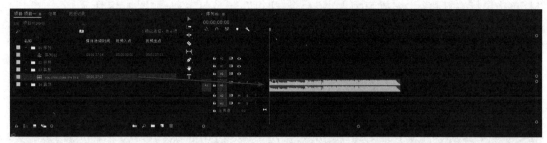

图 1-45

4）在"效果"面板中搜索"恒定功率"，将该效果拖曳到音频素材的入点位置并单击鼠标左键激活，在"效果控件"面板上修改"持续时间"为 00:00:02:00，音频淡入效果制作完成，如图 1-46 所示。

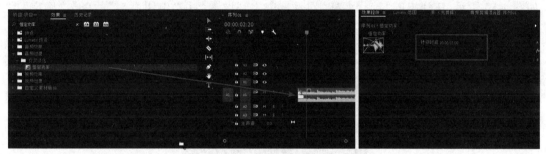

图 1-46

5）单击"02 视频"素材箱，在菜单栏中执行"文件→导入"命令，将"原片"文件夹中的"01"素材导入素材箱中，再将其拖曳到"序列 01"中的"视频 2"和"音频 2"轨道，保持选中状态，单击鼠标右键执行"取消链接"命令，如图 1-47 所示，将视频与音频解除链接后，选择音频将其删除。

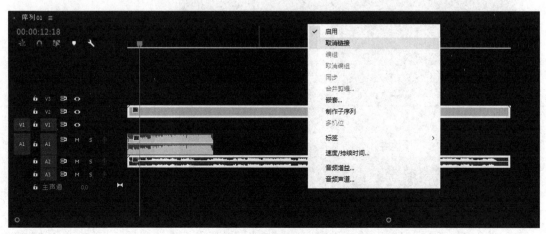

图 1-47

6）将"视频 2"轨道中的视频素材拖曳到"视频 1"轨道中，在"时间线"面板中拖动"时间指示器"，会发现视频素材在"节目监视器"中的画面大小与序列预设不匹配，选中视频素材，单击鼠标右键执行"缩放为帧大小"命令，即可匹配当前序列，如图 1-48 所示。

图 1-48

7）执行"项目面板→新建项→颜色遮罩"命令，弹出"新建颜色遮罩"对话框，如图 1-49 所示，单击"确定"按钮，弹出"拾色器"对话框后，设置颜色为黑色，直接单击"确定"按钮，如图 1-50 所示，在弹出的"选择名称"对话框中为其设置名称"电影遮幅"后单击"确定"按钮即可，如图 1-51 所示。

图 1-49

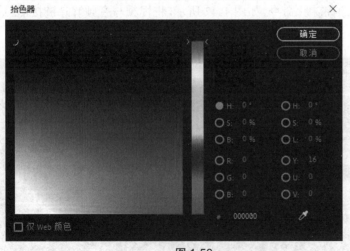

图 1-50

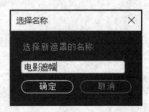

图 1-51

8）将"电影遮幅"遮罩对象拖进"时间线"面板，将其出点位置向后拖曳，与音频素材的时长对齐,如图 1-52 所示。

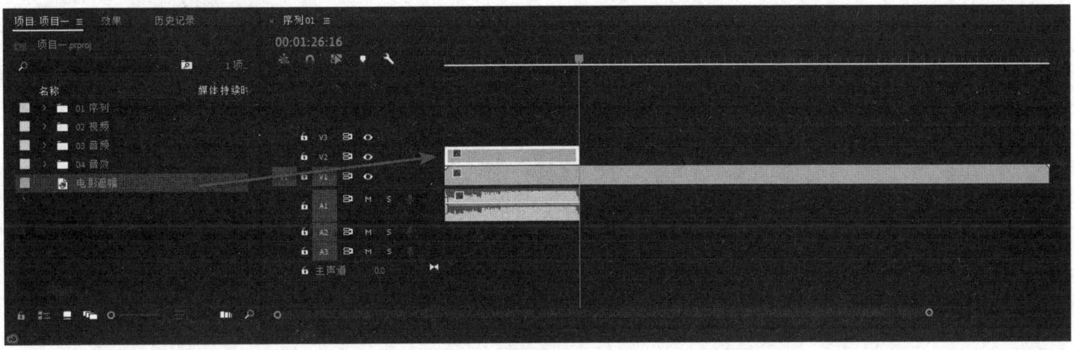

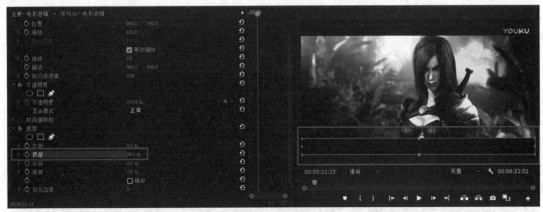

图 1-52

9）继续调整遮罩对象,在"效果"面板中搜索"裁剪",将该效果拖到遮罩对象上,如图 1-53 所示。

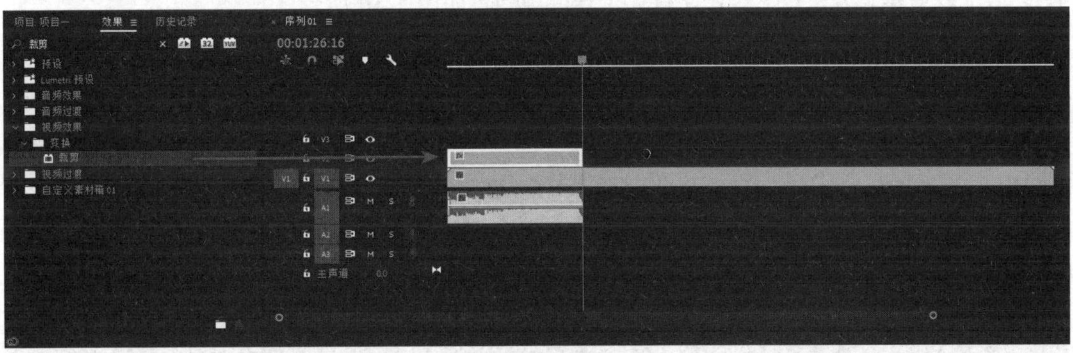

图 1-53

10）在"效果控件"面板下的"裁剪"选项中,将"顶部"数值改为 88%,或者直接在"节目监视器"面板中沿垂直方向拖曳变换框也可以实现遮罩的调整,效果如图 1-54 所示。

图 1-54

11）在"时间线"面板中选择"电影遮幅"对象,按住"Alt"键向上移动复制一个,将"顶部"数值改为 0%；再将"底部"数值改为 88%，如图 1-55 所示。

图 1-55

12）接下来开始为视频剪辑添加字幕。首先在外部打开素材名为"歌词"的".txt"格式文件，复制第一句歌词。然后回到 Premiere Pro 中，播放音频素材，将"时间指示器"停在背景音乐第一句歌词的起点位置，选择"文字工具"，在节目监视器面板中单击鼠标左键，创建文字对象后粘贴从".txt"格式文件中复制的歌词，如图 1-56 所示。

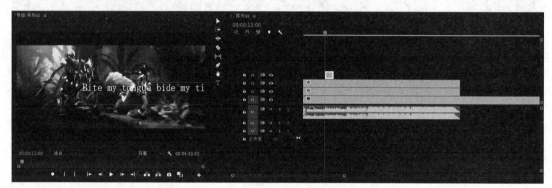

图 1-56

13）创建好第一句歌词的字幕后，在"时间线"面板设置这一句歌词的时长，然后在"效果控件"面板中调整"矢量运动"选项下的"位置"参数，将字幕移动到画面的左下角；接着可以继续修改"文本"选项的参数，根据需求调整字幕的字体以及大小等选项，参考效果如图 1-57 所示。

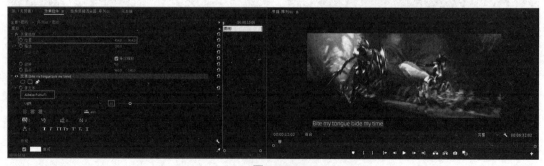

图 1-57

14）按照 12）、13）的操作方法，将整首歌的字幕逐句添加到"时间线"面板中，如图 1-58 所示。

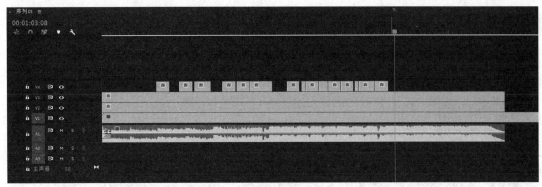

图 1-58

15）接下来的工作是根据背景音乐的节奏、氛围以及歌词内容等因素，在项目提供的"原片"文件夹中寻找并截取合适的视频素材片段，过程中可通过添加标记以辅助剪辑。首先在"时间线"面板保持所有对象未选中状态，按"M"键添加第一个标记，将标记放置在音频素材的入点位置，按"Alt"键拆分标记，右边的标记可以放置在时间线 00:00:11:24 的位置，因为这一时间段为背景音乐的前奏，节奏比较舒缓，可以在视频素材中截取几个节奏比较平缓的画面，可以是远景镜头，交代整个事件发生的时间、地点等信息；也可以是角色的一些局部特写镜头，营造一种比较神秘的氛围，如图 1-59 至图 1-62 所示。

图 1-59

图 1-60

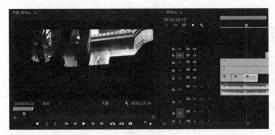

图 1-61

图 1-62

16）按照同样的方式，可根据背景音乐的节奏及情绪剪辑合适的片段，对于舒缓平静的节奏可以剪辑一些中景或近景来交代人物或事件；对于紧张快速的节奏可以剪辑一些打斗的动作场景。作为剪辑师，在制作混剪视频时并不仅仅是把一些视频内容随意拼凑在一起，而是将所有的片段剪辑在一起后能表达某种观点或突出某一主题。剪辑效果可参考"成品 .mp4"视频,如图 1-63 所示。

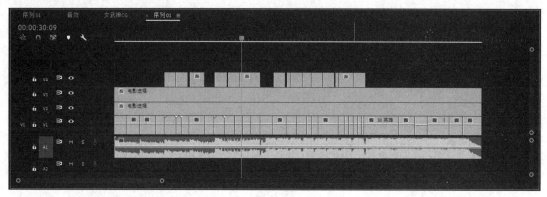

图 1-63

17）视频部分剪辑完成后,可根据画面内容添加一些音效,例如在走路的场景添加脚步声,在打斗的场景添加枪声或爆破声等等。"音乐→音效"文件夹中提供了许多适合不同场景的音效,可根据需求选择合适的音效并添加,如图 1-64 所示。

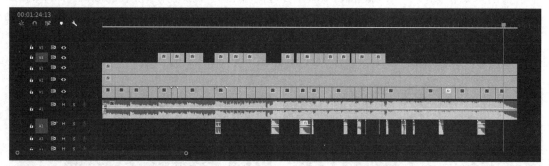

图 1-64

18）在"节目监视器"面板预览视频效果后即可导出影片。执行"文件→导出→媒体"命令,在"导出设置"窗口的"格式"选项中选择"H.264"格式,其他保持默认,单击"导出"按钮,即可导出整部影片,如图 1-65 所示。

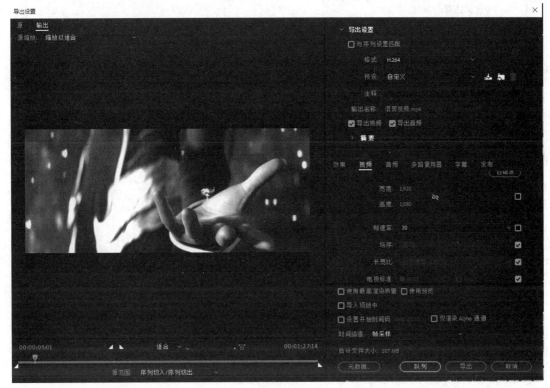

图 1-65

一、选择题

1. 构成动画的最小单位为（　　　）。

A. 分　　　　　　　　B. 秒　　　　　　　　C. 帧　　　　　　　　D. 毫秒

2. 帧速率越高，视频越流畅，基本上每秒（　　　）帧的视频就很流畅了。

A.24　　　　　　　　B.25/30　　　　　　　C.50/60　　　　　　　D.120/240

3.（　　　）有时被称为定向剪辑或定位剪辑。

A. 连续动作剪辑　　　B. 画面位置剪辑　　　C. 匀称剪辑　　　　　D. 概念剪辑

4.（　　　）是用来选择素材、菜单选项和其他对象的标准工具。

A. 选择工具　　　　　B. 剃刀工具　　　　　C. 钢笔工具　　　　　D. 概念剪辑

5.（　　　）工具可以改变轨道里素材的出入点，同时会使得该素材在出点和入点不变的情况下加快或减慢播放速度，从而缩短或增加时间长度。

A. 波纹编辑工具　　　B. 滚动编辑工具　　　C. 比率拉伸工具　　　D. 缩放工具

二、简答题

1. 简述后期剪辑的一般流程。
2. 简述蒙太奇句型包括哪些类型。

三、操作题

根据本项目所学知识,结合"课后练习"文件夹中提供的素材,创作一段混剪视频。

项目二　制作动态片头

在当今数字化时代里,几乎所有的影视广告都运用了数码技术与摄影处理技术,以便凸显电影电视所要表达的内容,给予观众更加强烈的视觉冲击感与切身体验感,各种特效不断更新、不断结合,给人眼前一亮的感觉。另外,众所周知,短视频时间不会太长,一般十几秒,最多不超过五分钟。而在这么短的时长内,需要将视频的内容进行浓缩,取其精华部分吸引人的眼球,同时还要对这些片段进行一定的处理,并加入适当的特效,从而激发观众的观看兴趣,给观众留下深刻的印象。本项目通过动态片头的制作,讲解视频剪辑制作的相关知识以及 Premiere Pro 软件的操作技巧,使读者在任务实现过程中做到以下几点:

● 掌握 Premiere Pro 中关键帧的创建与编辑;
● 掌握 Premiere Pro 中"运动"效果各控件的设置;
● 掌握 Premiere Pro 中嵌套序列的创建及操作;
● 掌握 Premiere Pro 中合成与抠像的各种方法;
● 通过实践操作学习如何制作动态片头。

现今市面流行的中文剪辑软件非常多,最受欢迎的 PC 端软件有 Adobe Premiere Pro、Final Cut Pro、Edius、Sony Vegas Pro、会声会影、爱剪辑等。随着移动互联网的飞速发展,手机端剪辑软件也慢慢兴起,诸如:猫饼、巧影、VUE,很多视频博主(Vlogger)只用手机也可以剪辑出精彩的视频,但是像 YouTube、哔哩哔哩这类视频网站上的长视频制作,基本上还是需要在 PC 端使用非线性编辑软件来完成,其中最常用的就是 Adobe Premiere Pro。在 Adobe Premiere Pro 中,可以演示各种运动效果,为影片带来生趣,增加活力。要制作这些运动效果,可以使用 Premiere Pro"效果控件"面板上的"运动"控件来完成,如图 2-1 所示。本项目以动态片头的制作为载体,从视听语言到 Adobe Premiere 软件的应用技巧,带领读者快速入门视频剪辑制作。

图 2-1

技能点一　运动效果的创建

　　运动效果是指在原有视频内容的基础上,通过后期制作与合成的操作使素材内容产生的移动、变形、缩放等效果。这些动画效果的设定都是基于关键帧而言的,如果要创建向多个方向移动,或者在素材的持续时间内不断改变大小或旋转的运动效果,则需要添加关键帧。

一、在"时间轴"面板添加关键帧

　　通过"时间轴"面板,可以对视频素材的任意效果属性进行添加或删除关键帧的操作,此外还可以通过控制关键帧调节视频素材在"时间轴"面板中的可见性。将素材文件拖曳至"时间轴"面板,使用鼠标拖动素材所在轨道边缘使其变宽,此时"添加 / 移除关键帧"按钮■在轨道中可见,如图 2-2 所示。

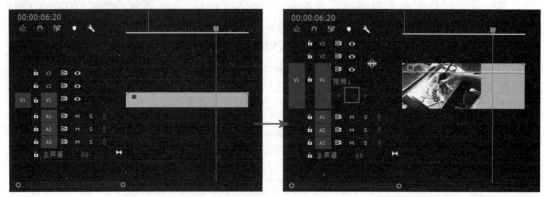

图 2-2

选中素材并单击鼠标右键选择需要添加关键帧的视频效果及其属性,如图 2-3 所示。

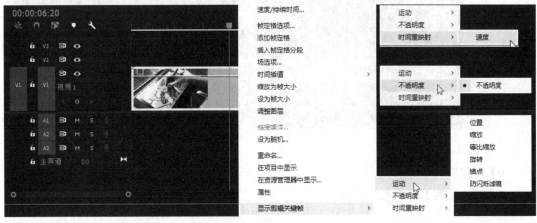

图 2-3

将时间指示器移动至想要添加关键帧的时间点,单击"添加 / 移除关键帧"按钮 ■ 即可为素材添加关键帧,如图 2-4 所示。

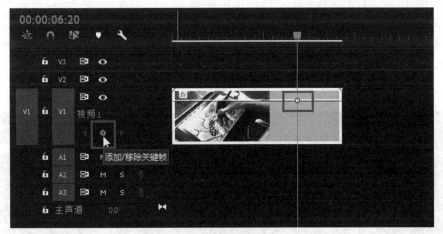

图 2-4

二、在"效果控件"面板添加关键帧

通过"效果控件"面板添加关键帧,制作随时变化的运动效果,可以使原本单调乏味的图像变得妙趣横生。要想通过"效果控件"面板实现动态效果的制作,首先需要将素材拖入"时间轴"面板并保持选中状态,"运动"效果控件上就会显示运动效果的各个选项,此时就可以使用"运动"效果控件调整素材,并创建动画效果,如图 2-5 所示。

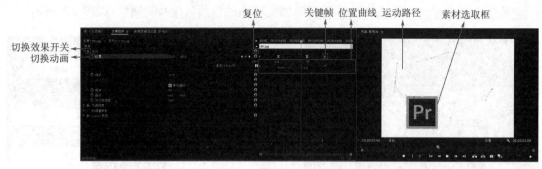

图 2-5

● 【位置】：可以设置对象在屏幕中的位置坐标。

● 【缩放比例】：素材的尺寸百分比。当其下方的"等比缩放"复选框未被选中时，"缩放比例"用于调整素材的高度，同时其下方的"缩放宽度"选项呈可选状态，此时可以只改变对象的高度或者宽度。当"等比缩放"复选框被选中时，对象只能按照比例进行缩放变化。

● 【旋转】：使素材按其中心转动任意角度。

● 【定位点】：可以设置对象的旋转或移动控制点。

● 【防闪烁滤镜】：消除视频中闪烁的现象。

当属性栏的"切换动画" 开启后，"添加 / 移除关键帧"按钮被激活，关键帧会以点的形式显示在运动路径上。此时若想添加新的关键帧，只需要拖曳当前时间指示器的位置，然后单击"添加 / 移除关键帧"按钮即可，如图 2-6 所示。在一般情况下，为对象指定的关键帧越多，所产生的运动变化越复杂。但是关键帧越多，计算机的计算时间也就越长。

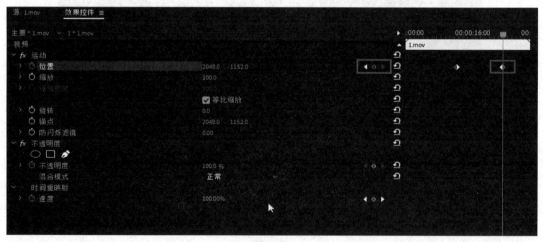

图 2-6

当某一效果属性中包含多个关键帧时，单击"添加 / 移除关键帧"按钮两侧的"转到上一关键帧"或"转到下一关键帧"按钮，即可在多个关键帧之间进行切换，如图 2-7 所示。

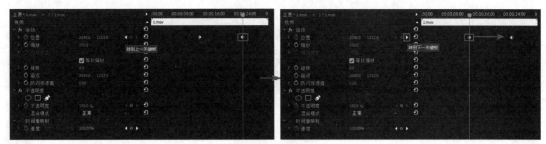

图 2-7

技能点二　动态效果的编辑

如果想要修改素材的运动特效,可以通过移动、删除或添加关键帧来编辑运动路径,或者对关键帧进行复制与粘贴。

一、移动关键帧

可以使用"效果控件"面板或"时间轴"面板来移动关键帧点,也可以使用"节目监视器"面板中显示的运动路径移动关键帧点。如果在"效果控件"或"时间轴"面板中移动关键帧点,将会改变运动特效在时间轴上发生的时间。在 Premiere Pro 中,关键帧间的距离决定运动速度,要提高运动速度,可以将关键帧分隔得更远一些;要降低运动速度,可以使关键帧更近一些。想要移动关键帧,单击鼠标左键选中它,然后拖动关键帧在时间轴上的位置即可,如图 2-8 所示。

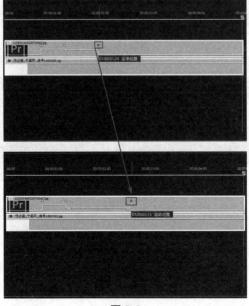

图 2-8

　　如果在"节目监视器"面板中的运动路径上移动关键帧点,将会影响运动路径的轨迹,如图 2-9 所示。运动路径显示在"节目监视器"面板中,由蓝色的点组成,每个蓝点代表素材中的一帧。蓝色路径上的每个点代表一个关键帧。点的位置决定了运动的移动轨迹,点与点的距离决定运动速度的快慢。点间隔越远,运动速度越快;点间隔越近,运动速度越慢。

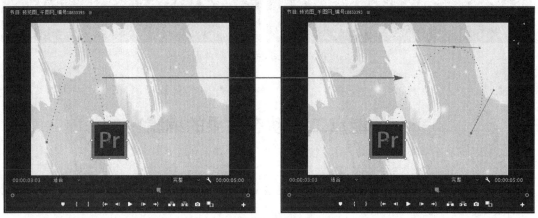

图 2-9

二、关键帧的复制与粘贴

　　在编辑关键帧的过程中,可以将一个关键帧点复制粘贴到时间轴中的另一位置,该关键帧点的素材属性与原关键帧点具有相同的属性。在"时间轴"面板或"效果控制"面板中单击鼠标左键并选中要复制的关键帧,然后单击鼠标右键选择"编辑→复制"命令,或按快捷键"Ctrl+C",如图 2-10 和图 2-11 所示。

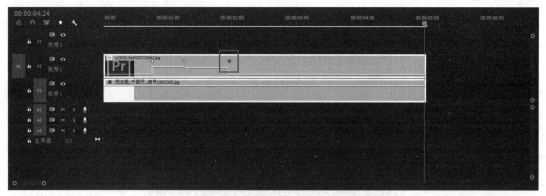

图 2-10

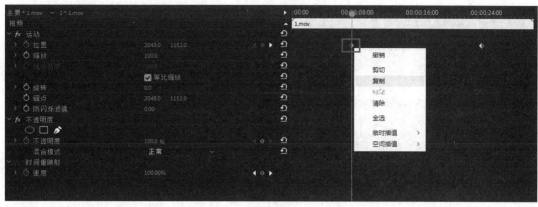

图 2-11

将当前时间指示器移动到关键帧想要粘贴的位置,单击鼠标右键选择"粘贴"命令,或按快捷键"Ctrl+V"即可在当前位置粘贴一个与被复制对象完全相同的关键帧,如图 2-12 和图 2-13 所示。

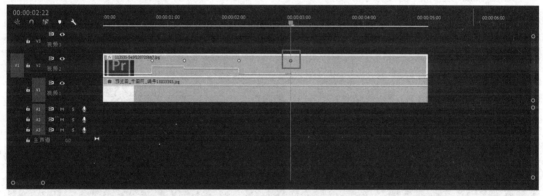

图 2-12

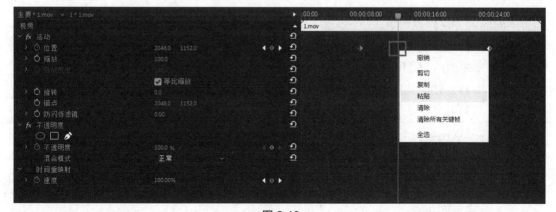

图 2-13

对两个关键帧之间的运动路径使用不同的插入方法,所产生的运动特效是不同的,修改插入方法,可以更改运动的速度、平滑度和路径轨迹,如图 2-14 所示。

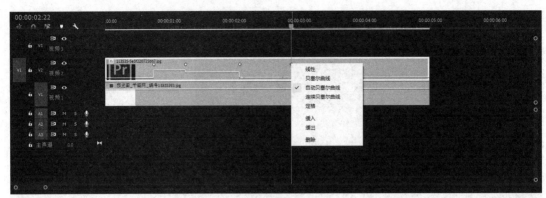

图 2-14

在"效果控件"面板中,根据使用的插入方法,运动路径的关键帧以不同的图标表示。如图 2-15 所示,关键帧图标是菱形,这表示使用的是线性插入法;关键帧图标是沙漏形,这表示使用了贝塞尔曲线插入法;关键帧图标是圆形,这表示使用的是自动贝塞尔曲线插入法。

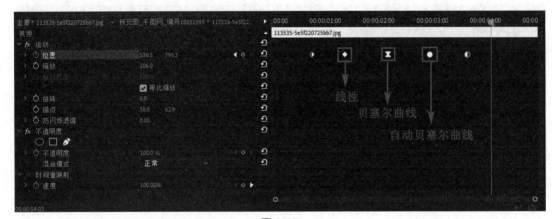

图 2-15

不同插入方法特性如下。

- 【线性】:创建均匀的运动变化。
- 【贝塞尔曲线】【自动贝塞尔曲线】和【连续贝塞尔曲线】:实现更平滑的运动变化。
- 【定格】:创建突变的运动变化,可以用它来创建快门特效。
- 【缓入】和【缓出】:生成缓慢或急速的运动变化,使用它还可以实现逐渐启动或停止。

三、删除关键帧

选中想要删除的关键帧,单击鼠标右键选择"清除"命令,或按快捷键"Delete"即可删除关键帧,如图 2-16 所示。若要移除当前素材中的所有关键帧,在"效果控件"面板内的轨道区域上单击鼠标右键,在弹出的快捷菜单中选择"清除所有关键帧"命令即可完成,无论该关键帧是否被选中,如图 2-17 所示。

图 2-16

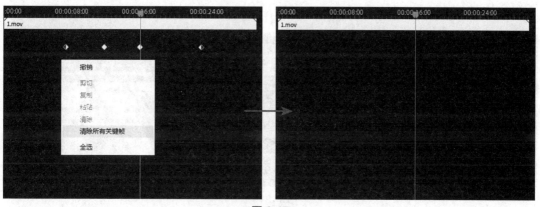

图 2-17

技能点三　"运动"效果各控件设置

在 Premiere Pro 中,最常见的运动效果是调整视频素材的位置,以及对视频素材进行旋转和缩放。通过对"运动"效果各个控件的设置,即可制作出移动、旋转和缩放的动画效果。

一、移动

移动是指对视频素材的位置进行调整。首先将时间指示器移至想要创建位移的位置上,单击"运动"选项组内"位置"选项的"切换动画"按钮█,即可激活该属性的运动选项,并在当前时间指示器的位置创建"位置"关键帧,如图 2-18 所示。

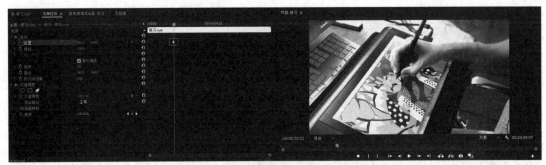

图 2-18

　　然后,不断移动时间指示器到想实现移动效果的位置,单击"添加 / 移除关键帧"按钮添加关键帧,并修改这些关键帧上"位置"选项中 X 坐标和 Y 坐标的参数,即可创建移动动画,如图 2-19 所示。

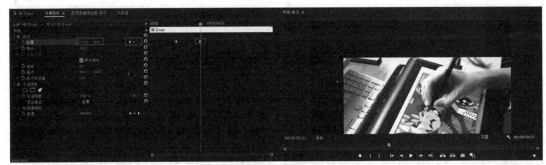

图 2-19

二、缩放运动

　　缩放运动可以对视频素材在不同关键帧上进行大小调整。首先将时间指示器移至想要创建缩放动画的位置上,单击"运动"选项组内"缩放"选项中的"切换动画"按钮，即可激活该属性的运动选项,并在当前时间指示器的位置创建"缩放"关键帧,如图 2-20 所示。然后,不断移动时间指示器到想要实现缩放运动效果的位置,单击"添加 / 移除关键帧"按钮添加关键帧,并调整这些关键帧上的"缩放"选项的参数即可完成缩放动画的设置,如图 2-21所示。

图 2-20

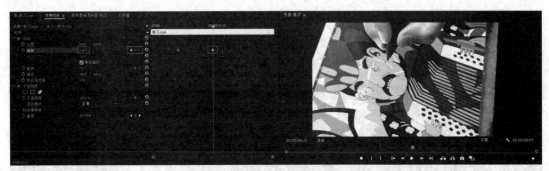

图 2-21

默认情况下，"等比缩放"选项是勾选状态，此时可以等比例缩放对象，该值取值范围为0~600。输入"0"，素材将不可见；输入"600"，素材扩大至原始大小的6倍。如果想单独缩放视频素材的高度或者宽度，则取消选中"效果控件"面板上的"等比缩放"选项。

三、旋转运动

旋转运动即视频素材围绕其中心点进行转动。首先将时间指示器移至想要创建旋转动画的位置上，单击"运动"选项组内"旋转"选项的"切换动画"按钮■，即可激活该属性的运动选项，并在当前时间指示器的位置创建"旋转"关键帧，如图2-22所示。

图 2-22

然后，继续移动时间指示器，不断在新的位置创建关键帧，并调整视频素材在这些关键帧上的旋转角度，即可完成缩放动画的设置，如图2-23所示。如果要回到某运动属性的默认设置状态，单击该运动属性右侧的"重置参数"按钮■即可。

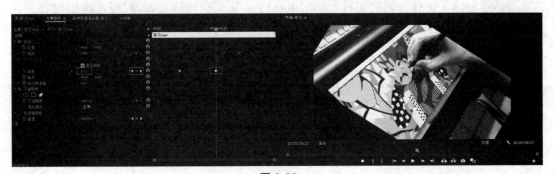

图 2-23

手动调整素材时，保持"运动"控件前的"切换效果开关"按钮 fx 为"开"的状态，单击"运动"控件名称，使其背景色显示为灰色，此时在"节目监视器"面板中，视频素材周围会出现一个边框，在该面板中可以实现对素材的移动、缩放和旋转，如图 2-24 所示。

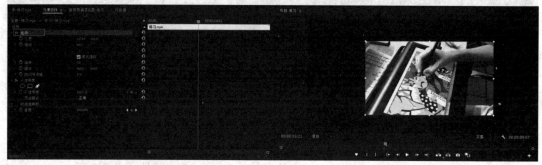

图 2-24

技能点四　嵌套序列的创建及操作

Premiere Pro 的剪辑制作都是在"时间轴"面板中完成的。在一个项目中可以存在一个或多个序列，各个序列的预设也可以不相同，但序列之间可以存在嵌套关系。

一、在一个序列中嵌套另一个序列

在 Premiere Pro 的项目中创建了多个序列时，可以将一个序列视作一个素材，拖至另一个序列的时间轴中。例如，将"序列 03"放置在"序列 02"的时间轴中，然后将"序列 02"放置在"序列 01"的时间轴中。这三个序列的预设可以各不相同，例如可以使用不同的时基、帧大小和像素比等。嵌套序列如图 2-25 所示。

可以对序列进行任意的嵌套操作，以创建复杂的分组和层次。嵌套序列将显示为单一链接的视频或音频片段，可以对嵌套序列进行选择、移动、修剪以及各种应用效果的操作，如同操作任何其他素材片段那样。对源序列所做的任何更改都将反映在从该序列创建而来的任意嵌套序列中。

另外，在导入含有音频的素材时，Premiere Pro 需要时间渲染音频，而在编辑包含音频素材的嵌套序列时则无须渲染音频。

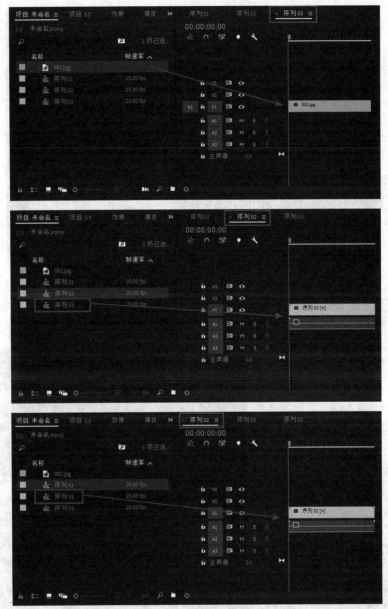

图 2-25

二、创建嵌套序列

在序列中选择要放置到嵌套序列的一个或多个剪辑,然后执行"剪辑→嵌套"命令,或单击鼠标右键选择"嵌套"命令,Premiere Pro 会从该序列中剪切选定的剪辑,并将选定剪辑发送到新的序列中,然后从第一个选定剪辑开始将新序列嵌套在原始序列中。例如,在"时间轴面板"中选中多个剪辑,单击鼠标右键,在弹出的菜单中选择"嵌套"命令,如图 2-26 所示。

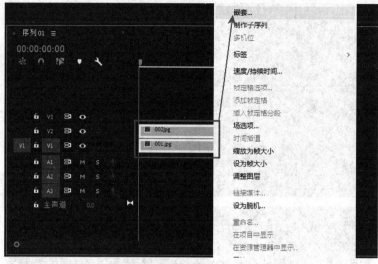

图 2-26

　　此时会弹出"嵌套序列名称"对话框,输入名称后单击"确定"按钮,原来选中的多个剪辑将以一个序列代替,如图 2-27。

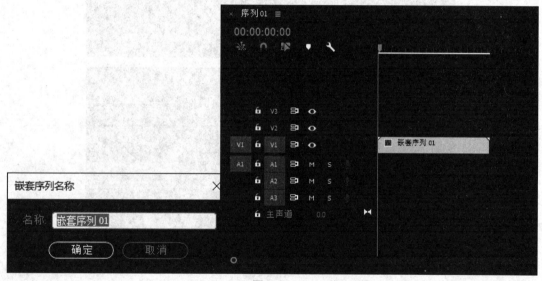

图 2-27

三、打开嵌套序列的源

　　双击嵌套序列剪辑,嵌套序列的源即会成为活动序列。例如,双击时间轴中的"嵌套序列 01",会打开源序列的时间轴,如图 2-28 所示。

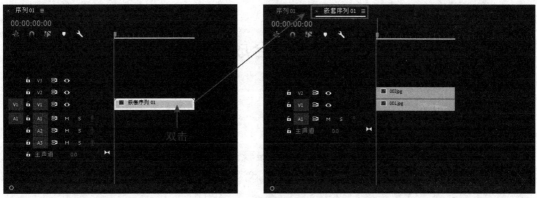

图 2-28

四、嵌套序列的优点

嵌套序列的操作使后期剪辑制作更加便捷,具体来说有以下优点。

1)重复使用序列。如若要重复使用某个序列(尤其是一些编辑较为复杂的序列),则可以在创建该序列后,再将其多次嵌套到另外的序列中。

2)将不同设置应用于序列的副本。例如,如果想要反复使用某个序列,但每次需要应用不同的效果,只需对嵌套序列的每个实例设置不同的效果即可。

3)优化编辑空间。分别创建复杂的多轨道序列后,再将它们作为单个剪辑放置在主序列中,这样既不用在主序列中保留大量轨道,还可以降低意外失误操作的可能性。

4)创建复杂的分组和嵌套效果。例如,尽管只能对一个编辑点应用一个过渡,但可以通过嵌套序列对每个嵌套剪辑应用一个新的过渡,即在过渡内创建过渡。或者可以创建画中画效果,例如每张图片都是一个嵌套序列,各自包含一系列剪辑、过渡和效果。

5)可以为最终结果导出不同预设的序列,更加便于输出设置。

五、嵌套序列的注意事项

在创建并操作嵌套序列时还需要注意以下几点。

1)不能将一个序列嵌套在其自己内部。例如,存在嵌套关系的1、2、3这三个序列,序列1嵌套在序列2中,序列2嵌套在序列3中,这时序列2和序列3均不能再次嵌套到序列1中,嵌套关系不可逆向。

2)嵌套序列不能包含16声道音轨。

3)嵌套序列始终表示其源的当前状态,对源序列内容的更改将反映在嵌套实例的内容之中。

4)嵌套序列剪辑的初始持续时间取决于其源序列,这包括源序列开头处的空白空间,但不包括结尾处的空白空间。

5)可以像编辑其他剪辑那样设置嵌套序列的入点和出点,但修剪嵌套序列不会影响源序列的长度。

技能点五　合成与抠像

合成一般用于制作效果比较复杂的影视作品,主要通过使用多个视频素材进行叠加、透明及应用各种类型的键控来实现。在电视制作上,常称之为"抠像",而在电影制作中则称之为"遮罩"。Premiere Pro 建立叠加的效果,是较高层轨道的素材叠加在较低层轨道的素材上,并在"节目监视器"面板优先显示出来,也就意味着将在其他素材的上面播放。

一、不透明度

每个素材都有一定的不透明度,当不透明度为 0% 时,图像完全透明;当不透明度为 100% 时,图像完全不透明;不透明度介于两者之间时,图像呈半透明。若想实现位于轨道上面的素材能够显示其下方素材的部分图像,可以利用素材的不透明度来完成。因此,通过素材不透明度的设置,可以制作透明叠加的效果,如图 2-29 所示。

图 2-29

用户可以使用 Alpha 通道、蒙版或键控来定义素材的透明区域和不透明区域,通过设置素材的不透明度并结合使用不同的混合模式可以创建出多种多样的视觉效果。

二、Alpha 通道

所谓 Alpha 通道,是指图像额外的灰度图层,其功能用于定义图形或者字幕的透明区域。利用 Alpha 通道可以将某视频轨道中的图像素材、徽标或文字与另一视频轨道内的背景叠加在一起。若要使用 Alpha 通道实现图像合并,首先要在图像编辑程序中创建具有 Alpha 通道的素材。在 Alpha 通道中,白色区域表示完全不透明,黑色区域表示完全透明,两者之间的区域则表示为半透明。比如,在 Photoshop 内打开所要使用的图像素材,然后将想要显示的图像抠取出来,并在"通道"面板内创建 Alpha 通道后,使用白色填充主体区域,如图 2-30 所示。

图 2-30

将包含 Alpha 通道的图像素材源文件"Alpha 通道 .psd"导入 Premiere Pro 的视频编辑项目内，并将其文件夹内的"人像"素材拖曳到时间轴轨道中，此时会发现图像素材除主体外的其他内容都被隐藏了，如图 2-31 所示。

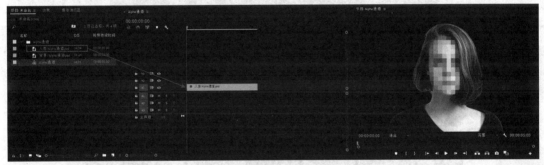

图 2-31

三、蒙版

"蒙版"是一个层，用于定义素材的透明区域，白色区域定义完全不透明的区域，黑色区域定义完全透明的区域，两者之间的区域则是半透明的，这点类似于 Alpha 通道。但使用蒙版定义素材的透明区域时要比使用 Alpha 通道更便捷，这是因为在很多的原始素材中不包含 Alpha 通道。

拓展演练——使用不透明度蒙版制作转场效果

1）执行"文件→新建→项目"命令，在"新建项目"对话框中设置项目的存储位置和文件名，然后单击"确定"按钮，如图 2-32 所示；在"项目"面板中单击"新建项"按钮，然后保持默认设置，单击"确定"，创建一个序列，如图 2-33 所示。

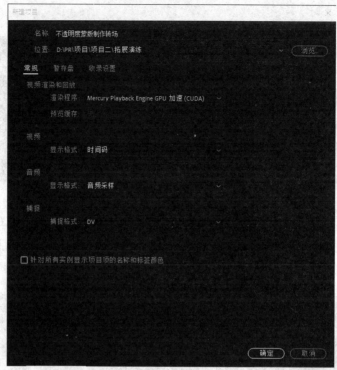

图 2-32

图 2-33

2）执行"文件→导入"命令，导入素材"转场练习素材 1.mp4"到"项目"面板。拖曳素材到"时间轴"面板时会弹出"剪辑不匹配警告"对话框，此时单击"更改序列设置"按钮即可，如图 2-34 所示。

图 2-34

3）选择时间轴上的素材，单击鼠标右键，执行"取消链接"命令，选择音频素材对象并按下"Delete"键将其删除，如图 2-35 所示。

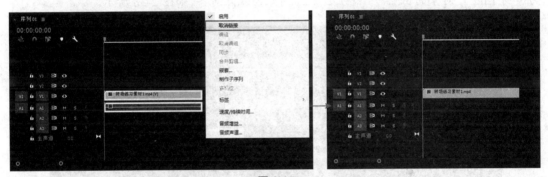

图 2-35

4）选择时间轴上的"转场练习素材 1.mp4"，并按住"Alt"键向上移动复制一个，如图 2-36 所示。

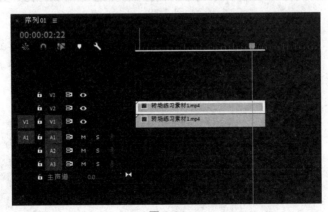

图 2-36

5）将"时间指示器"移动到时间轴上 00:00:02:02 的位置，选择"转场练习素材 1.mp4"副本，单击鼠标右键，执行"添加帧定格"命令，如图 2-37 所示。

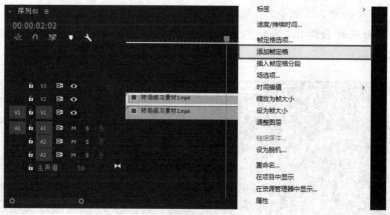

图 2-37

6）将"视频 2"轨道上的"转场练习素材 1.mp4"副本对象帧定格前的素材按下"Delete"键删除，并将出点向后延长到时间轴上 00:00:05:00 的位置；再将"视频 1"轨道上的"转场练习素材 1.mp4"对象的出点与"视频 2"轨道对象的入点对齐，如图 2-38 所示。

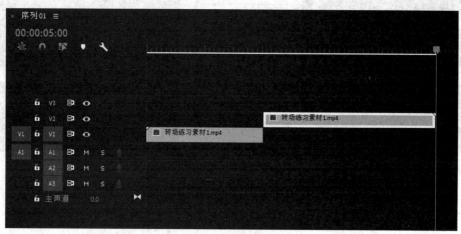

图 2-38

7）选择"转场练习素材 1.mp4"副本，将"时间指示器"移动到入点位置，在"效果控件"面板上依次单击"位置""缩放"和"锚点"选项前的秒表图标，并在"节目监视器"中将中心点移动到瞳孔中央位置，如图 2-39 所示。

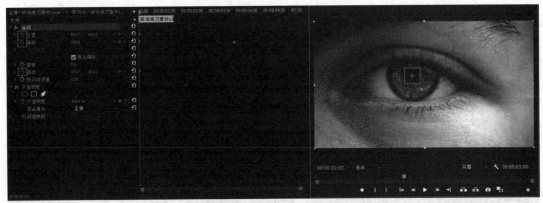

图 2-39

8）将"时间指示器"移动到 00:00:02:38 位置，在"效果控件"面板上依次单击"位置""缩放"和"锚点"选项的"添加／删除关键帧"按钮创建关键帧，并调整"位置"和"缩放"选项的参数，放大瞳孔画面，如图 2-40 所示。

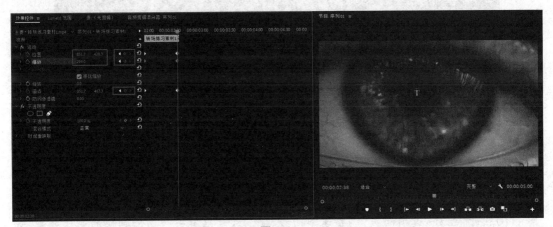

图 2-40

9）在"效果控件"面板上选择"不透明度"控件的"钢笔工具"，在"节目监视器"中绘制与瞳孔大小一致的蒙版，"蒙版羽化值"改为"36"，"蒙版扩展"改为"5"，并勾选"已反转"复选项，如图 2-41 所示。

10）框选所有关键帧，单击鼠标右键，执行"临时插值→贝塞尔曲线"命令，如图 2-42 所示。

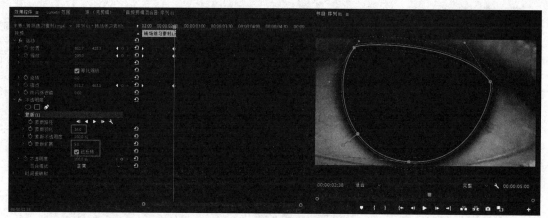

图 2-41

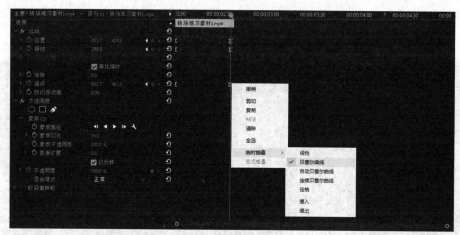

图 2-42

11）点开"缩放"选项面板，调整速率曲线，使缩放动画有一个由慢到快的变速效果，如图 2-43 所示。

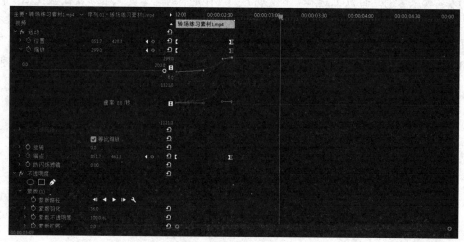

图 2-43

12）执行"文件→导入"命令，导入素材"转场练习素材2.mp4"到"项目"面板。拖曳素材到"视频1"轨道，单击鼠标右键，执行"缩放为帧大小"命令，如图2-44所示。

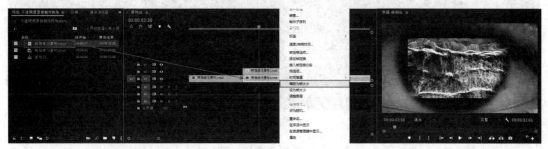

图 2-44

13）选择素材"转场练习素材1.mp4"副本对象，将"缩放"选项最后一帧的参数再次调整，直到瞳孔内的画面撑满整个屏幕，如图2-45所示。

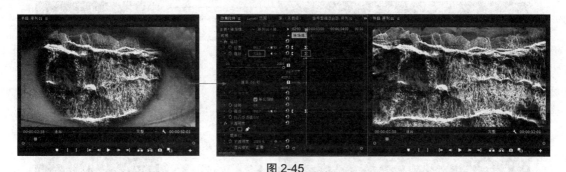

图 2-45

14）为了使场景切换效果更加自然，首先将"转场练习素材2.mp4"对象的入点移动到00:00:02:16；选择"转场练习素材1.mp4"的副本对象并按住"Alt"键再向上移动复制一个，如图2-46所示。

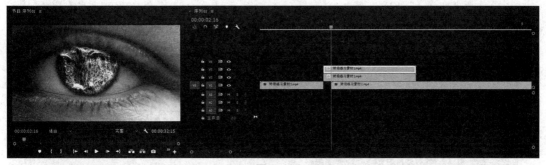

图 2-46

15）选择"视频3"轨道上新复制出的素材，将其出点移动到00:00:02:16的位置，并按下"Delete"键删除"效果控件"面板上"不透明度"选项中的"蒙版1"，如图2-47所示。

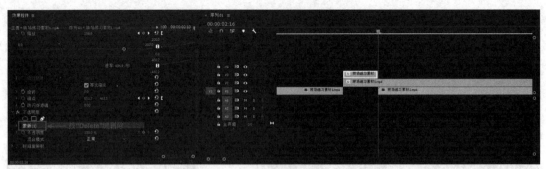

图 2-47

16）选择"视频 3"轨道上的素材，移动到"视频 1"轨道上，保持其在时间轴上的位置不变；单击鼠标右键执行"嵌套"命令，弹出"嵌套序列名称"对话框，为嵌套序列命名并单击"确定"按钮，如图 2-48 所示。

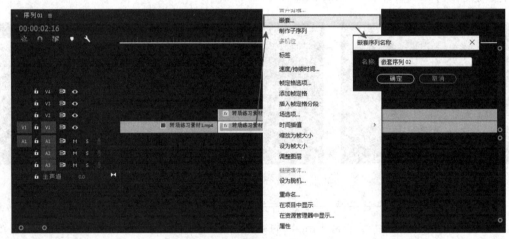

图 2-48

17）单击"视频 1"轨道上第二个素材和第三个素材的中间并在其上单击鼠标右键执行"应用默认过渡"命令，此时弹出警示对话框，直接点击"确定"按钮即可，如图 2-49 所示。

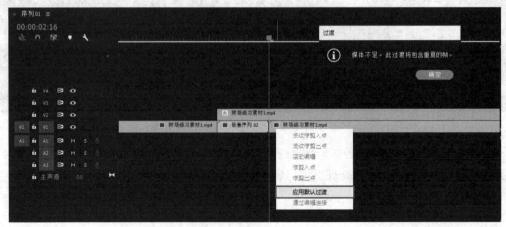

图 2-49

18）在时间轴上单击"过渡效果"，将该效果的入点与"视频 1"轨道上第二个素材的入点对齐，并在"效果控件"面板中修改持续时间为 00:00:00:48，如图 2-50 所示。

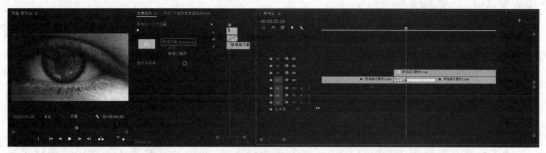

图 2-50

19）执行"文件→导入"命令，导入音频素材"转场音效 .wav"到"项目"面板。拖曳素材到"时间轴"面板，将其入点放置在 00:00:01:52 的位置；将"视频 1"轨道上第三个素材、"视频 2"轨道素材以及音频素材的出点都移动到时间轴 00:00:04:00 的位置，此时，使用不透明度蒙版制作转场效果视频已完成，如图 2-51 所示。

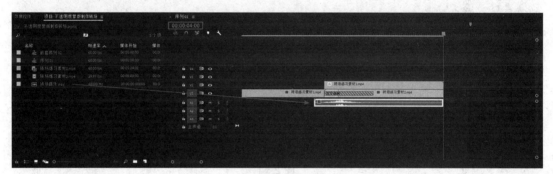

图 2-51

四、键控

在"效果"面板的"键控"效果组中，用户可以通过矢量图像、明暗关系等因素，来设置遮罩效果，比如 Alpha 调整、亮度键、图像遮罩键、差值遮罩、移除遮罩、超级键、轨道遮罩键、非红色键、颜色键等效果，如图 2-52 所示。

图 2-52

1. Alpha 调整

Alpha 调整效果的功能是控制图像素材中的 Alpha 通道,通过调整 Alpha 通道来改变影片效果,如图 2-53 所示。

图 2-53

● 【不透明度】:用于控制 Alpha 通道的透明度数值,在更改其参数值后将影响素材在画面上的效果。

● 【忽略 Alpha】:勾选该复选项,序列将会忽略图像素材 Alpha 通道所定义的透明区域,并使用黑色像素将这些透明区域进行填充。

● 【反转 Alpha】:勾选该复选项,Alpha 通道将反转所定义透明区域的范围。

● 【仅蒙版】:勾选该复选项,图像素材在画面中的非透明区域将显示为通道画面,但透明区域不会受此影响。

2. 亮度键

亮度键效果用于去除画面内较暗的部分,通过更改“阈值”和“屏蔽度”选项的参数即可实现,如图 2-54 所示。

图 2-54

3. 图像遮罩键

图像遮罩键效果用于创建静帧图像的透明效果。与蒙版黑色部分对应的图像区域是透明的,与蒙版白色部分对应的图像区域不透明,与蒙版灰色部分对应的图像区域是混合效果。使用“图像遮罩键”时,单击“效果控件”面板上的“设置”按钮,然后在弹出的对话框中选择一个遮罩图像,最终结果取决于选择的图像。可以使用素材的 Alpha 通道或者亮度创建复合效果。勾选“反向”复选项会使与白色部分对应的区域透明,而与黑色部分对应的区域不透明,如图 2-55 所示。

图 2-55

4. 差值遮罩

差值遮罩的作用是对比两个相似的图像区域进行剪辑,并去除两个素材在画面上的相似部分,只留下有差异的内容,如图 2-56 所示。

图 2-56

●【视图】:用于确定最终输出于节目监视器面板中的画面内容,共有"最终输出""仅限源"和"仅限遮罩"3 个选项。"最终输出"选项用于输出两个素材进行差值匹配后的结果画面;"仅限源"选项用于输出应用该效果的素材画面;"仅限遮罩"选项用于输出差值匹配后产生的遮罩画面。

●【差值图层】:用于确定源素材进行差值匹配操作的素材位置,即确定差值匹配素材所在的轨道。

●【如果图层大小不同】:当源素材与差值匹配素材的尺寸不同时,可通过该选项来确定差值匹配操作将以何种方式展开。

●【匹配容差】:该选项的取值越大,相类似的匹配范围也就越大;其取值越小,相类似的匹配范围也就越小。

●【匹配柔和度】:该选项会影响差值匹配结果的不透明度,其取值越大,差值匹配结果的不透明度也就越大;反之,则匹配结果的不透明度也就越小。

●【差值前模糊】:根据该选项取值的不同,Premiere Pro 会在差值匹配操作前对匹配素材进行一定程度的模糊处理。因此,该选项的数值将直接影响差值匹配的精确程度。

5. 移除遮罩

移除遮罩效果在红色、绿色和蓝色通道或 Alpha 通道创建透明效果。通常用来移除画面的白色或黑色背景,如图 2-57 所示。

图 2-57

6. 超级键

超级键效果用于校正素材色彩,并将素材中与指定键色相似的区域从素材上遮罩起来。通过调整效果控件设置,可以调整遮罩的区域。图 2-58 所示为超级键控件设置及在"节目监视器"中应用该效果前后的对比。

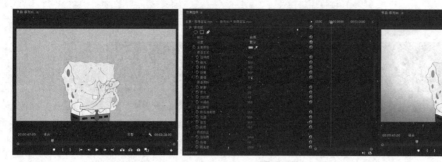

图 2-58

7. 轨道遮罩键

轨道遮罩键效果能够创建移动或滑动蒙版效果。通常,蒙版是一个能在屏幕上移动的黑白图像。与蒙版中黑色对应的区域为透明效果,与白色对应的区域为不透明效果,与灰色对应的区域为混合效果,如图 2-59 所示。

图 2-59

8. 非红色键

非红色键效果的作用是能够同时去除画面内的蓝色和绿色部分,如图 2-60 所示。

图 2-60

9. 颜色键

颜色键效果的作用是抠取画面内的指定色彩,因此多用于画面内包含大量色调相同或相似色彩的情况,如图 2-61 所示。

图 2-61

技能点六 项目实战——动态片头制作

1）执行"文件→新建→项目"命令，在"新建项目"对话框中设置项目的存储位置和文件名，然后单击"确定"按钮（图 2-62），在项目面板中单击"新建项"按钮，在打开的"新建序列"对话框中单击"设置"，在新的编辑窗口中选择"编辑模式"为"自定义"，将视频的"帧大小"设置为 1920×1080，"像素长宽比"选择"方形像素（1.0）"，"场"选择"无场（逐行扫描）"，最后再为序列设置好名称后单击"确定"按钮即可，如图 2-63 所示。

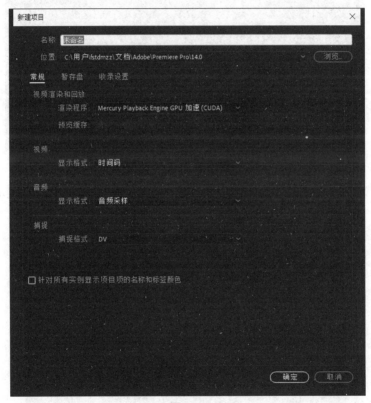

图 2-62

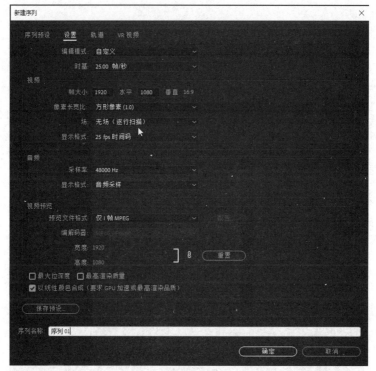

图 2-63

2）执行"文件→导入"命令，将素材"logo.jig"导入"项目"面板中，如图 2-64 所示。

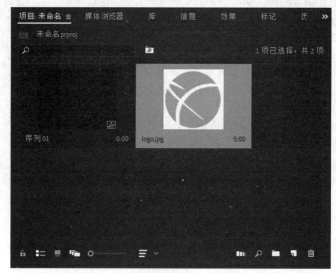

图 2-64

3）执行"项目面板→新建项→颜色遮罩"命令，如图 2-65 所示，单击"确定"按钮，弹出"拾色器"对话框后，无须设置颜色，直接单击"确定"按钮，如图 2-66 所示，在弹出的"选择名称"对话框中，为其设置名称后单击"确定"按钮即可，如图 2-67 所示。

图 2-65

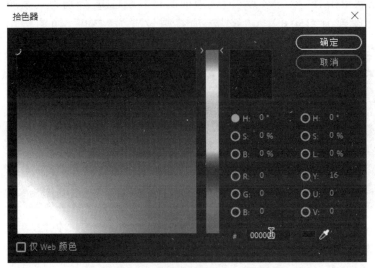

图 2-66

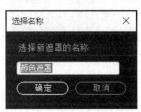

图 2-67

4）将新建的"颜色遮罩"对象拖动到时间轴面板中的"视频 1"轨道上，如图 2-68 所示。

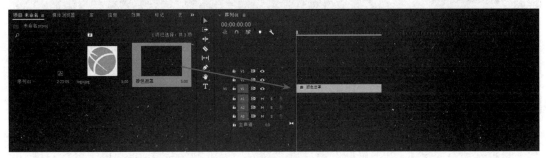

图 2-68

5）打开"效果"面板，在该面板中搜索"圆形"，将该效果拖曳到"颜色遮罩"对象上，此时，"节目监视器"里会出现一个圆形图形，如图 2-69 所示。

图 2-69

6）打开"效果控件"面板，将"圆形"控件的"边缘"选项改为"厚度"，然后将"时间指示器"移动到 00:00:01:00 处，依次单击"半径"及"厚度"选项前的秒表图标，分别为其添加关键帧；将"半径"选项参数设置为"150.0"，"边缘"选项参数设置为"15.0"，如图 2-70 所示。

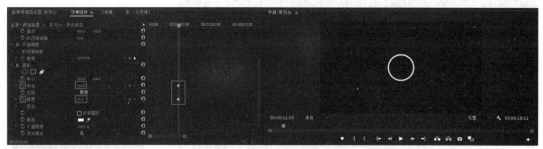

图 2-70

7）将时间指示器调回到 00:00:00:00 的位置，分别把"半径"和"厚度"的参数设置为"0.0"，如图 2-71 所示。

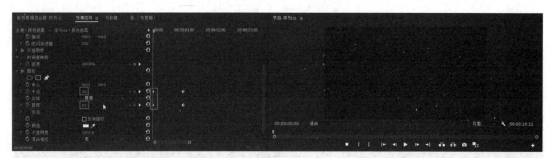

图 2-71

8）框选所有关键帧，单击鼠标右键，执行"缓入"命令，执行完毕，再次单击鼠标右键，执行"缓出"命令，如图 2-72 所示。

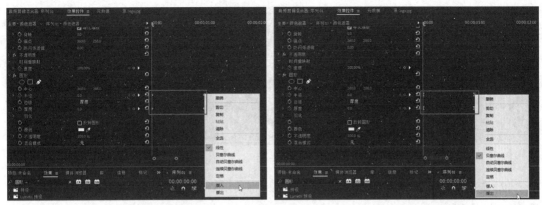

图 2-72

9）在时间轴中选择"颜色遮罩"对象，将其向上拖曳到"视频2"轨道上，再按住"Alt"键继续向上复制两个相同对象，如图2-73所示。

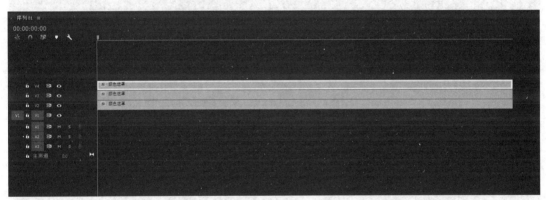

图 2-73

10）选择"视频3"轨道的"颜色遮罩"对象，将其向时间轴的右侧移动5帧，继续选择"视频4"轨道上的"颜色遮罩"对象，将其向时间轴的右侧移动10帧，如图2-74所示。

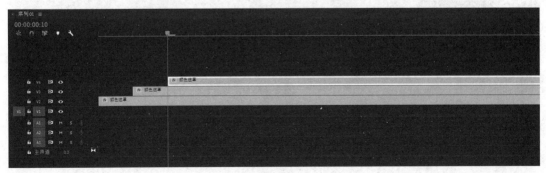

图 2-74

11）在"效果"面板中搜索"风车"，将该效果拖曳到"视频4"轨道的"颜色遮罩"对象入点，如图2-75所示。

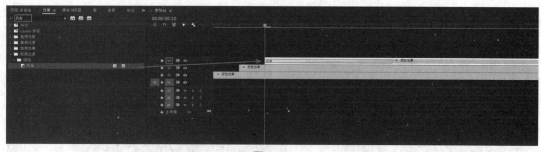

图 2-75

12）选择"视频 2"轨道的"颜色遮罩"对象，将其出点向前拖曳到时间轴 00:00:01:10 的位置，如图 2-76 所示。

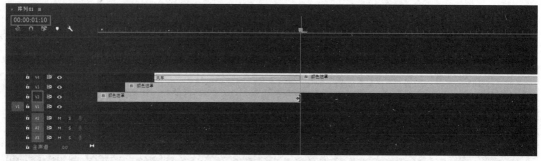

图 2-76

13）再选择"视频 4"的"颜色遮罩"对象，单击"风车"效果，执行"Ctrl + C"复制命令，再选中"视频 2""颜色遮罩"对象的出点，执行"Ctrl + V"粘贴命令，如图 2-77 所示。

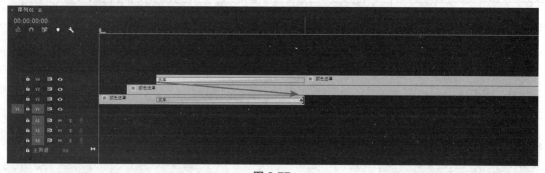

图 2-77

14）单击激活"视频 2"轨道中"颜色遮罩"对象的"风车"效果，勾选"效果控件"面板下的"反向"选项，如图 2-78 所示。

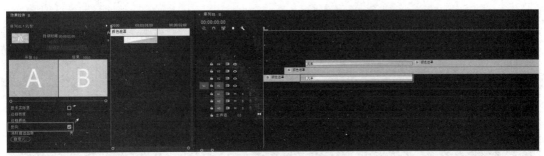

图 2-78

15）将素材"logo.jig"拖曳到"时间轴"面板的"视频 1"轨道中，如图 2-79 所示。

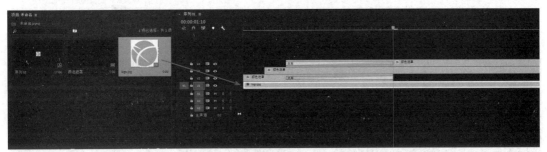

图 2-79

16）将时间轴移动到 00:00:01:10 的位置，参照已经做好的圆形的位置以及大小，修改"效果控件"面板下的"运动"选项中的位置以及缩放的参数，效果如图 2-80 所示。

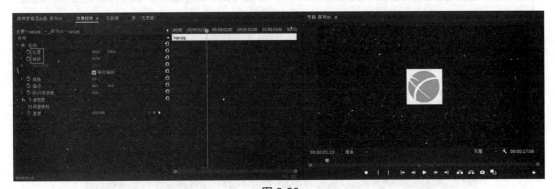

图 2-80

17）在"效果控件"面板下的"不透明度"选项中单击"创建椭圆形蒙版"按钮为素材创建圆形蒙版，在"节目监视器"面板中调整蒙版的样式及显示区域，使图形与圆圈的内圈大小重合，并修改"羽化"值为"0"，调整时可放大"节目监视器"的显示比例，效果如图 2-81 所示。

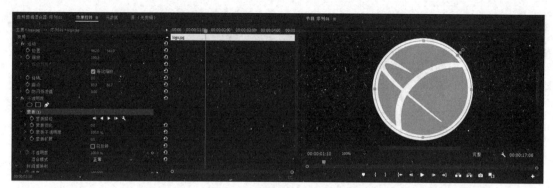

图 2-81

18）单击"效果控件"面板下的"缩放"及"旋转"选项前的秒表图标 ，分别添加一个关键帧，如图 2-82 所示。

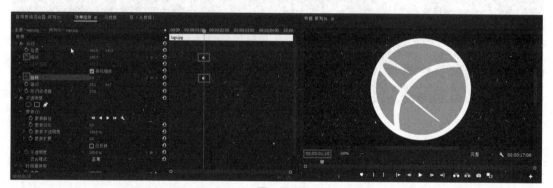

图 2-82

19）移动时间指示器，在时间轴 00:00:00:05 的位置继续在"缩放"和"旋转"选项添加一个关键帧，修改"缩放"参数为"0.0"；"旋转"参数为"−360"，如图 2-83 所示。

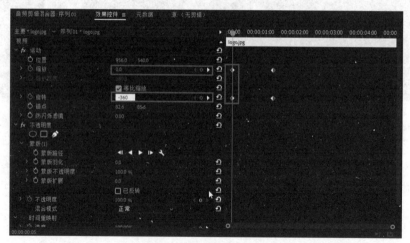

图 2-83

20）为了使动态效果更加丰富，可以添加一些摇摆的效果。首先，选择素材"logo.jpg"，

在"效果控件"面板下的"旋转"选项中,选择第二个关键帧,将参数修改为"20.0°",如图
2-84 所示。

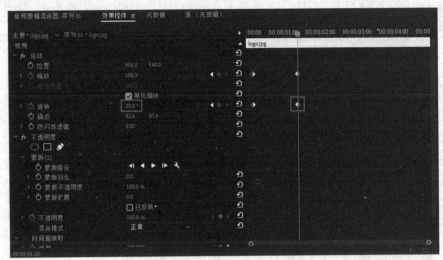

图 2-84

21)在时间轴 00:00:01:21 的位置再添加一个关键帧,将参数修改为"-10",如图 2-85
所示。

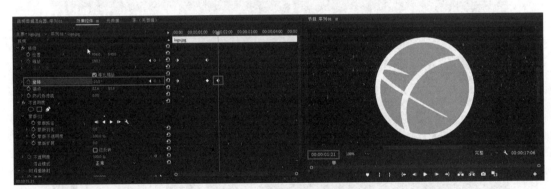

图 2-85

22)在时间轴 00:00:02:04 的位置添加一个关键帧,将参数修改为"0",如图 2-86 所示。

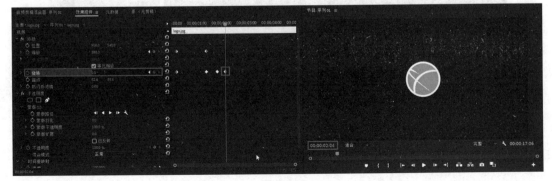

图 2-86

23）框选所有关键帧，添加"缓入"和"缓出"效果，如图 2-87 和图 2-88 所示。

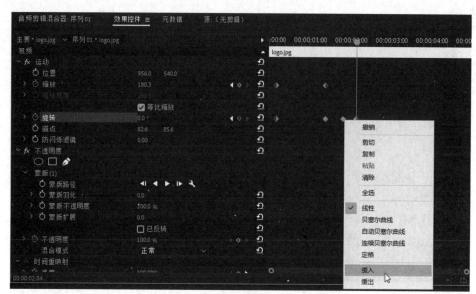

图 2-87

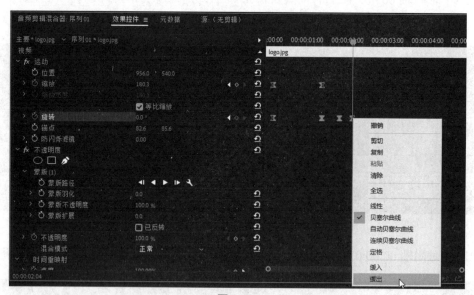

图 2-88

24）接下来为动画添加弹跳效果。在"时间轴"面板框选所有素材，单击鼠标右键选择
"嵌套"命令，并为其命名，如图 2-89 所示。

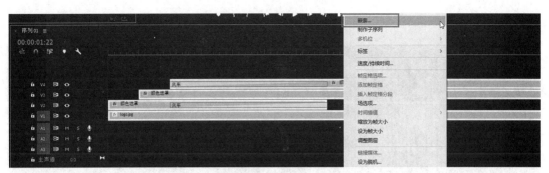

图 2-89

25）将时间指示器移动到 00:00:02:04 的位置,在"效果控件"面板中的"缩放宽度"选项下,取消勾选"等比缩放"选项,如图 2-90 所示。

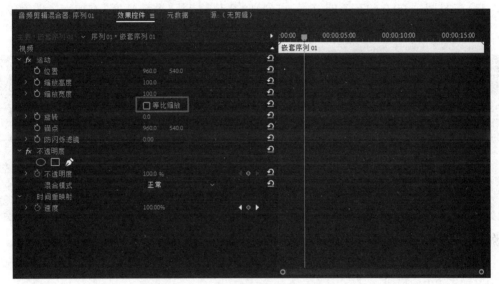

图 2-90

26）单击"效果控件"面板下的"运动"选项,在"节目监视器"面板中,将其中心点移动到圆圈的最下方,图 2-91 所示。

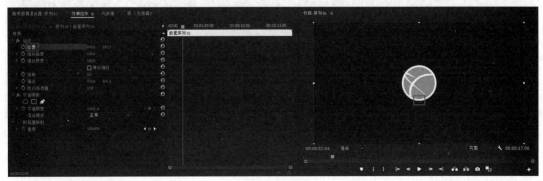

图 2-91

27）单击"缩放高度"前的秒表图标，插入关键帧，图 2-92 所示。

图 2-92

28）在时间轴 00:00:02:14 的位置，再分别给"位置"和"缩放高度"添加一个关键帧，并将"缩放高度"的参数设置为"90"，如图 2-93 所示。

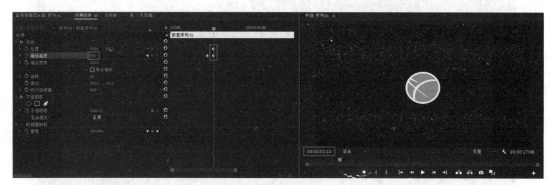

图 2-93

29）在时间轴 00:00:03:01 的位置，给"缩放高度"添加一个关键帧，将参数设置为"110"，如图 2-94 所示。

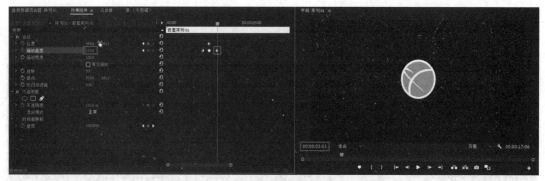

图 2-94

30）在时间轴 00:00:03:09 的位置，给"缩放高度"添加一个关键帧，将参数设置为"100"，如图 2-95 所示。

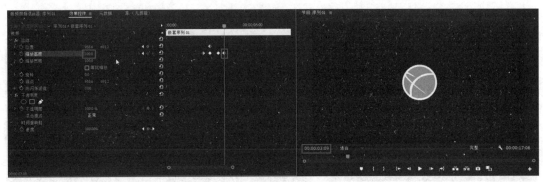

图 2-95

31）给"位置"添加一个关键帧，将图形向上移动，如图 2-96 所示。

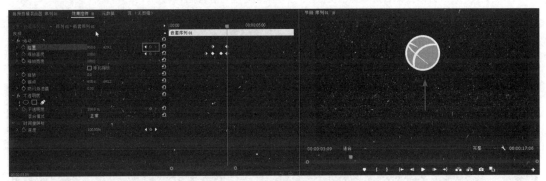

图 2-96

32）在时间轴 00:00:03:17 的位置，按住"Alt"键将"位置"的第一个关键帧复制到该位置，接着给"缩放高度"添加一个关键帧，如图 2-97 所示。

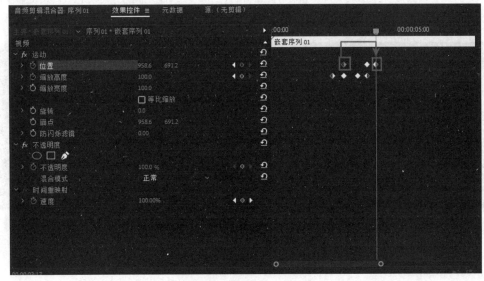

图 2-97

33）由于一开始设置的片长不够，需要在"时间轴"面板双击嵌套对象，进入其内部修改序列时长,将素材"logo.jpg"的时长调至 10 秒,如图 2-98 所示。

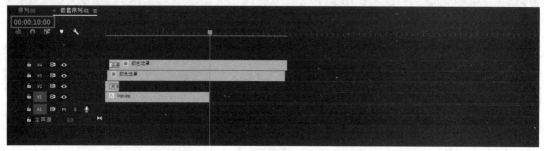

图 2-98

34)再次回到嵌套序列,将其时长调至 10 秒,如图 2-99 所示。

图 2-99

35)选择嵌套序列,在时间轴 00:00:03:24 的位置,为"缩放高度"添加一个关键帧,将参数设置为"90",如图 2-100 所示。

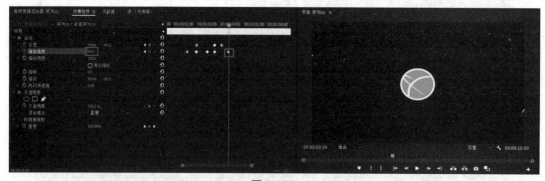

图 2-100

36)在时间轴 00:00:04:07 的位置,为"缩放高度"添加一个关键帧,将参数设置为"100",如图 2-101 所示。

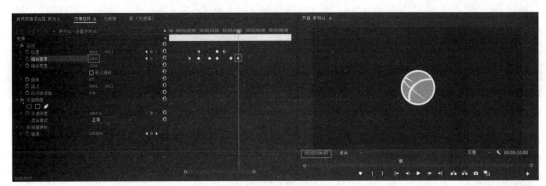

图 2-101

37）在时间轴 00:00:04:14 的位置，为"缩放高度"添加一个关键帧，将参数设置为"105"；为"位置"添加一个关键帧，向上移动图形（高度要低于第一次上移的高度），如图2-102 所示。

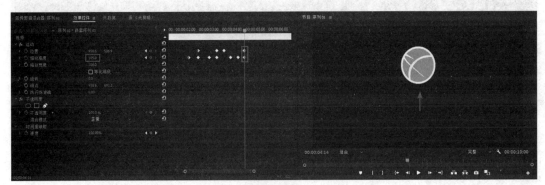

图 2-102

38）在时间轴 00:00:04:23 的位置，为"缩放高度"添加一个关键帧，将参数设置为"100"；为"位置"添加一个关键帧，向下移动图形（下方需预留出文字部分的空间），如图2-103 所示。

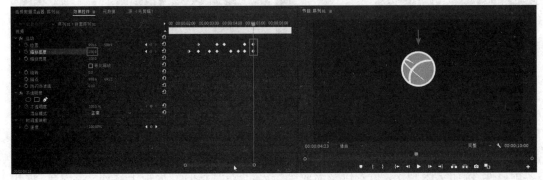

图 2-103

39）将时间指针移动到 00:00:05:05 的位置，为"缩放高度"添加一个关键帧，将参数设置为"95"，如图 2-104 所示。

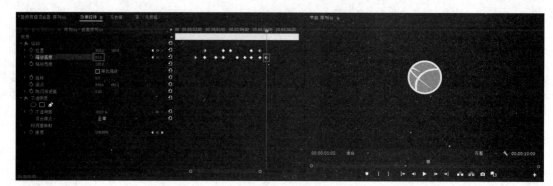

图 2-104

40）将时间指示器移动到 00:00:05:12 的位置，为"缩放高度"添加一个关键帧，将参数设置为"100"，如图 2-105 所示。

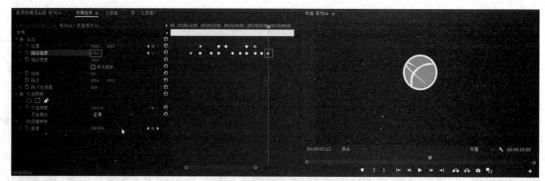

图 2-105

41）框选所有关键帧，依次添加"缓入"和"缓出"的过渡效果，如图 2-106 所示。

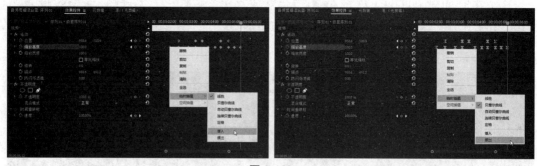

图 2-106

42）继续在时间轴 00:00:05:12 的位置（图形动态效果结束的位置），单击"文字工具"按钮，在节目监视器面板中键入文字内容，按照需求在效果控件面板的选项中修改文字的各项属性，例如字体、大小、位置以及缩放等参数，并在"时间轴"面板上移动文字对象，将其出点与嵌套对象的出点对齐，如图 2-107 所示。

图 2-107

43）在时间轴 00:00:06:16 的位置，保持文字对象的选中状态，为"位置"和"不透明度"选项分别添加一个关键帧，如图 2-108 所示。

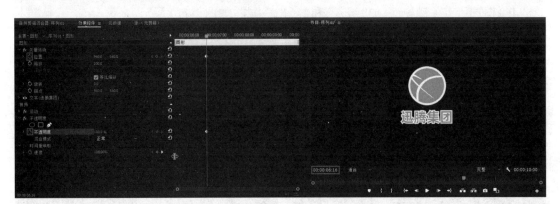

图 2-108

44）将时间指示器移动到文字对象的入点位置，继续为"位置"和"不透明度"选项分别添加一个关键帧，将文字对象向下移动出画面，并将"不透明度"的参数改为"0"，如图 2-109 所示。

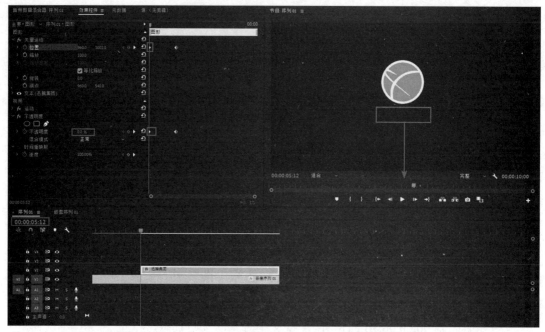

图 2-109

45）框选所有关键帧，添加"缓入"和"缓出"效果，如图 2-110 所示。

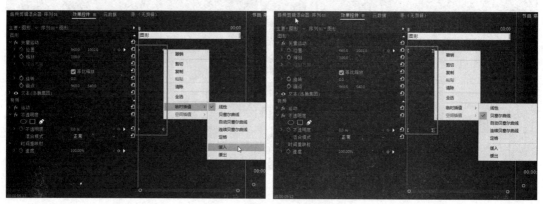

图 2-110

46）将文字对象向前移动到圆形图形第二次弹跳起来的位置（大概为时间轴 00:00:04:14 左右），然后将文字对象的出点延长，对齐到嵌套对象的出点，如图 2-111 所示。

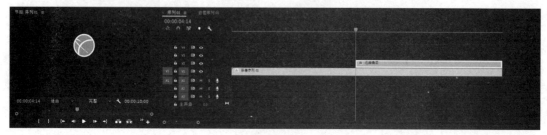

图 2-111

47）最后按照上述方法，根据需求修改或添加动画以及时长，还可以为影片添加背景音乐，调整完毕后即可将整个影片导出，执行"文件→导出→媒体"命令，在"导出设置"窗口的"格式"选项中选择"H.264"格式，其他保持默认，单击"导出"按钮即可导出整部影片，如图2-112 所示。

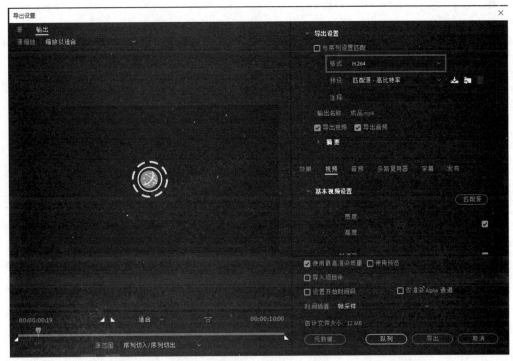

图 2-112

一、选择题

1. 当属性栏的"切换动画" 开启后，（　　　　）按钮被激活，关键帧会以点的形式显示在运动路径上。

A. 位置　　　　　　　　B. 添加 / 移除关键帧　C. 缩放　　　　　　　　D. 旋转

2. 若要移除当前素材中的所有关键帧，右击"效果控件"面板内的轨道区域，在弹出的快捷菜单中选择（　　　）命令即可完成。

A. 剪切　　　　　　　　　　　　　B. 删除

C. 清除　　　　　　　　　　　　　D. 清除所有关键帧

3. "运动"控件中的（　　　）可以对视频素材的位置进行调整。

A. 位置　　　　　　　B. 缩放　　　　　　　C. 旋转　　　　　　　D. 锚点

4."运动"控件中的（　　　）可以对视频素材在不同关键帧上进行大小的调整。

  A. 位置 　　　　　　　　B. 缩放 　　　　　　　　C. 旋转 　　　　　　　　D. 锚点

5. 在"效果"面板的（　　　）效果组中，用户可以通过矢量图像、明暗关系等因素来设置遮罩效果。

  A. 变换 　　　　　　　　B. 键控 　　　　　　　　C. 调整 　　　　　　　　D. 过时

二、简答题

1. 简述嵌套序列的优点。

2. 简述在 Premiere Pro 中合成与抠像的方法。

三、操作题

根据本项目所学知识，结合"课后练习"文件夹中提供的素材，自由创作一个动态片头视频。

项目三 制作定格转场视频

随着科学技术的发展,无论是广播电视、电影,还是互联网视频,都在使用数字化技术处理音频信号。数字化正成为一种趋势,而数字化的音频处理技术也将拥有广阔的前景。音频就是正常人耳能听到的,相应于正弦声波的任何频率。具有声音的画面更有感染力。在制作影片的过程中,声音素材的好坏直接影响影片的质量,所以编辑音频素材在 Premiere Pro 的后期制作中非常重要。本项目主要讲解音频编辑的相关知识,并通过实践完成定格转场视频的制作,使读者在任务实现过程中要做到以下几点:

- 掌握如何使用"时间轴"面板编辑音频;
- 掌握如何使用"源监视器"编辑音频;
- 掌握音频过渡和音频音量调节的方法;
- 通过实践掌握定格转场视频的制作方法。

对于一部影视作品来说,画面与声音是缺一不可的,所以视频的后期剪辑与制作不仅仅是对视频素材进行制作,同样需要处理好音频效果,为此 Premiere Pro 也为用户提供了强大的音频素材编辑与处理功能。在 Premiere Pro 中,音频效果的添加方法与视频类似。在时间轴中,音频素材放置在与视频素材对应的音频轨道中,剪辑工具对视频素材以及音频素材同样有效,都可以进行分割、移动、调整出入点等操作。音频素材可以制作出淡入淡出、回声等不同的音响效果,还可以与视频链接在一起,或者取消链接。本项目以定格转场视频制作为载体,带领读者快速入门音视频剪辑制作。

技能点一　使用时间轴面板编辑音频

在 Premiere Pro 中，用户可以像编辑视频那样使用剃刀工具在时间轴中分割音频，只需单击并拖动素材或素材边缘即可。如果需要单独处理音频，则可以解除音频与视频的链接。如果需要编辑旁白或声音效果，可以在源监视器中设置音频素材的入点和出点。

简单的音频编辑可以在"时间轴"面板中执行。要使"时间轴"面板更好地适用于音频编辑，可按照以下操作进行设置。单击"时间轴显示设置"按钮，勾选"显示音频波形""显示音频关键帧""显示音频名称"命令，如图 3-1 所示。

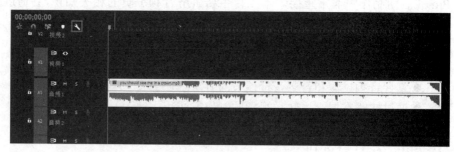

图 3-1

选择"时间轴"面板菜单中的"显示音频时间单位"命令，将单位更改为音频样本，如图 3-2 所示。这会将时间轴的音频单位的标尺显示变为音频样本或毫秒（默认设置是音频样本，可以执行"文件→项目设置→常规"命令，从对话框中的音频"显示格式"下拉列表中选择"毫秒"来更改此设置，如图 3-3 所示）。

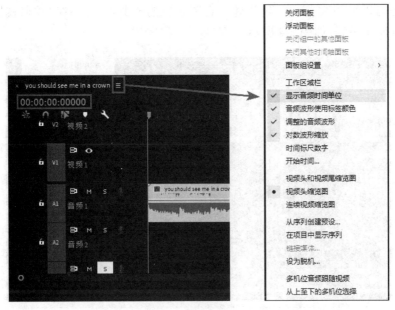

图 3-2

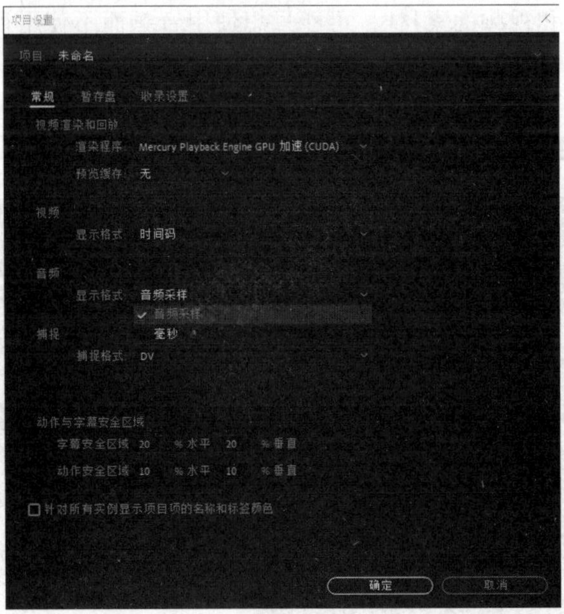

图 3-3

技能点二　使用源监视器编辑音频

除了在"时间轴"面板中可以编辑音频素材以外,在"源监视器"中也可以编辑音频的出点和入点,还可以使用"源监视器"创建长音频素材的子剪辑,然后在"源监视器"或"时间轴"中单独编辑子剪辑,如图 3-4 所示。

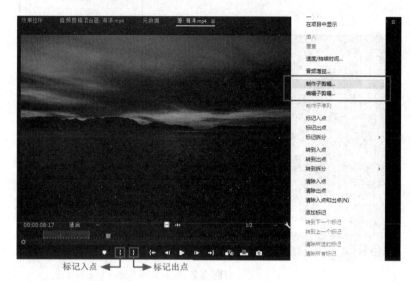

图 3-4

在编辑带有音频和视频的素材时,可能只想使用音频而不使用视频。如果在"源监视器"中单击鼠标右键,执行"显示模式→音频波形"命令,那么视频图像就会被音频波形取代。如果"源监视器"中的显示被设置为"显示音频时间单位",那么可以使用"后退一帧"▣或"前进一帧"▣按钮一次一个音频单位地单步调试音频,如图 3-5 所示。

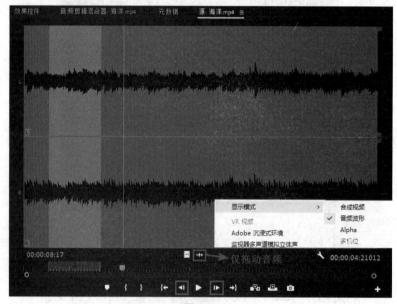

图 3-5

技能点三　音频声道的设置

在编辑音频素材时,可能想禁用立体声轨道中的某一个声道,或者选择某个单声道音频素材将它转换成立体声素材。

在 Premiere Pro 中修改音频声道的操作方法为,选择"项目"面板中还未放在时间轴序列中的音频素材,然后单击鼠标右键,执行"修改→音频声道"命令,打开"修改剪辑"对话框,在"音频声道"选项卡的"剪辑声道格式"下拉列表中可以选择轨道的格式,包括"单声道""立体声""5.1"和"自适应"几个选项,如图 3-6 所示。

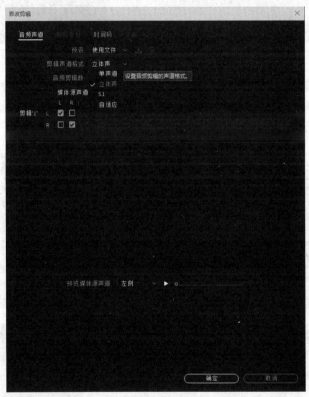

图 3-6

技能点四　音频过渡

音频的剪辑与视频有所不同,视频素材可以直接切换为不同的画面,而听觉一般需要有一定的延续性,不太适用于片段直接跳接。若想为音频素材片段添加过渡,可以像为视频画面添加"交叉溶解"那样过渡在两个音频片段之间，也可以设置在音频的入点或出点处。比如当音频因出点被剪切，使用时需要为其出点设置一个声音逐渐降低的缓出效果，可以在出点位置添加一个音频的过渡。选中音频轨道后，将时间指示器移至音频的出点位置，按快捷键"Ctrl+Shift+D"可以在出点位置添加音频默认的"恒定功率"过渡，这样音频产生逐渐降低的效果，如图 3-7 所示。

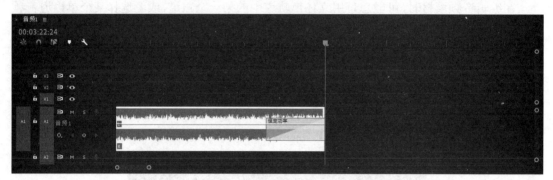

图 3-7

当将两段音频进行连接时，可以在两者之间像视频一样添加交叉淡化的过渡，两者音量改变的时段相互重叠。例如，为两个声音片段进行剪辑，制作时需要在两段音频交叉过渡的区域分别为音频添加"恒定功率"的音频过渡效果，如图 3-8 所示。

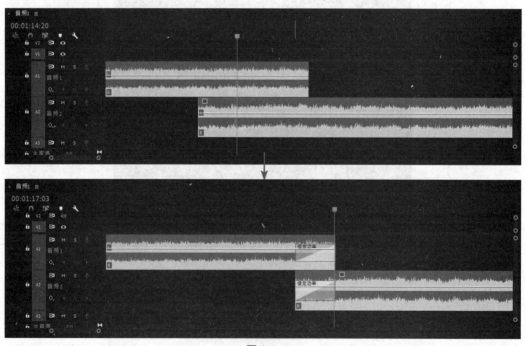

图 3-8

也可以将时间轴移至重叠时间的中部，在时间轴两侧进一步修剪两段音频素材的出点和入点，然后将其放置在同一轨道中一起选中，再添加"恒定功率"的音频过渡效果，结果与上述在两个轨道中分别添加过渡效果相同，如图 3-9 所示。

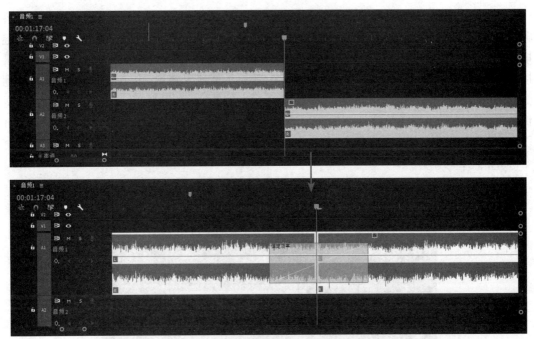

图 3-9

　　Premiere Pro 中的音频过渡效果包括三种,在"效果"面板的"音频过渡"文件夹中的"交叉淡化"之下,分别为"恒定功率""恒定增益"和"指数淡化"。在"效果控件"面板可以直观地看到不同音频过渡的音量变化,第一种过渡"恒定功率"的过渡方式为前一素材音量以下落抛物线的进程缓慢降低,后一素材音量以上升抛物线的进程快速升高,如图 3-10 所示;第二种过渡"恒定增益"的音量变化为直线均匀降低和升高的音量变化,如图 3-11 所示;第三种过渡"指数淡化"可以通过创建不对称的指数型曲线来创建声音的淡入淡出效果。默认情况下,所有音频过渡的持续时间均为 1 秒。不过,当在"时间轴"面板内选择某个音频过渡时,在"效果控件"面板中,可在"持续时间"右侧选项内设置音频的播放长度。

图 3-10

图 3-11

　　"恒定功率""恒定增益"在效果控件面板可以明显看出,两者比较相似,类似于交叉溶解,"恒定功率"音频过渡可以使音频素材以逐渐减弱的方式过渡到下一个音频素材;"恒定增益"能够让音频素材以逐渐增强的方式进行过渡,这两种过渡多用于两个音频之间的拼接,使声音文件变得更加柔和。"指数淡化"的效果类似淡入淡出,也是由低到高,再由高到低的效果,与前两者不同之处就是它多用于音频文件的"开头"或者"片尾",使整个音频文件具有节奏性开始到柔软性结尾的一种音频过渡。如果需要更改默认的音频过渡种类,可以在"效果"面板中某个音频过渡上单击鼠标右键,选择"将所选过渡设置为默认过渡"命令,如图 3-12 所示。

图 3-12

　　除此之外,可以通过在音频上添加关键帧的方式实现音频淡入/淡出的效果,还可以为音频的关键帧设置贝塞尔曲线类型,在"效果控件"面板中最后一个关键帧上单击鼠标右键,选择"贝塞尔曲线"命令,在关键帧曲线上将显示出调节手柄,对其进行曲线形状的调整,可以得到一个类似"指数淡化"过渡的淡出效果,如图 3-13 所示。若要移除关键帧,可以单击关键帧,然后按"Delete"键来将其删除。另外,使用鼠标右键单击关键帧,然后在弹出的菜单中选择"删除"命令也可将关键帧删除。

图 3-13

拓展演练——使用关键帧编辑音频淡入淡出效果

1）执行"文件→新建→项目"命令，在"新建项目"对话框中设置项目的存储位置和文件名，然后单击"确定"按钮，如图3-14所示；在"项目"面板中单击"新建项"按钮，然后选择"序列"，在打开的"新建序列"对话框中单击"设置"面板，设置序列帧速率为25帧/秒，画面大小为1920×1080，像素长宽比为"方形像素（1.0）"，场为"无场（逐行扫描）"，其他保持默认设置，单击"确定"按钮，创建一个序列，如图3-15所示。

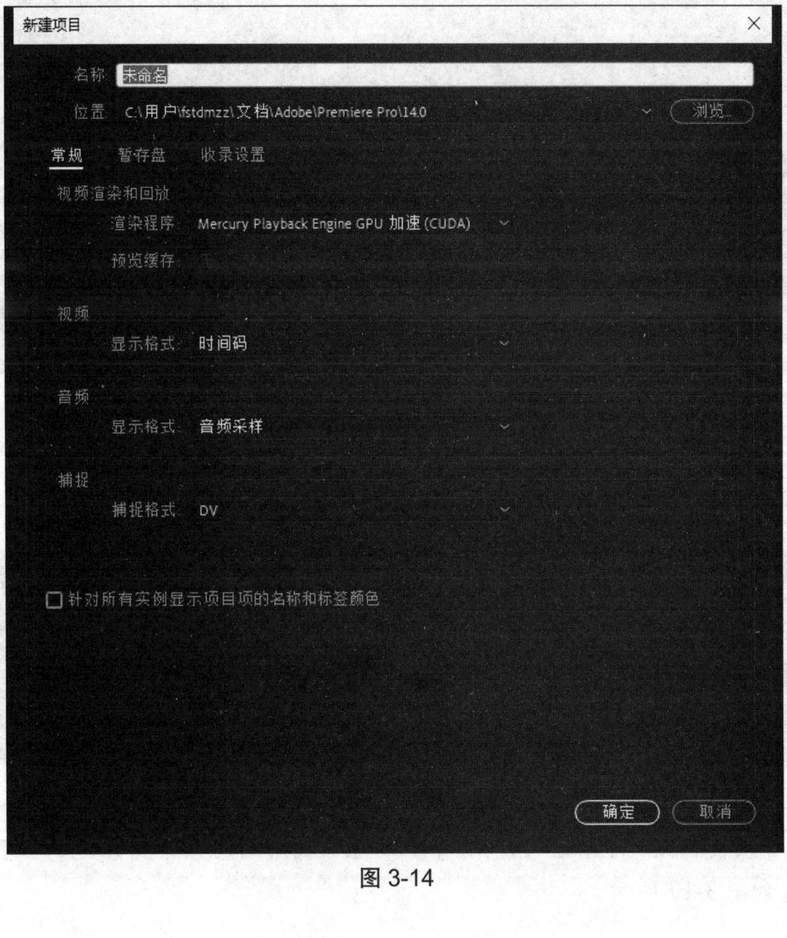

图 3-14

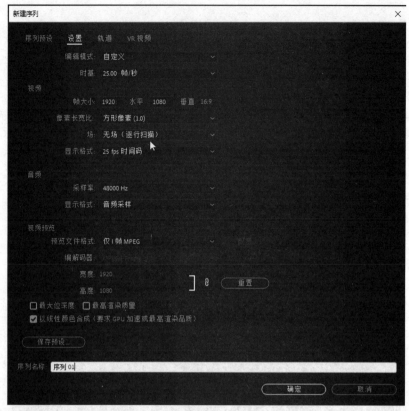

图 3-15

2）执行"文件→导入"命令，将素材"2.1.1.mp3"和"2.1.1.mov"导入"项目"面板，并拖曳到"时间轴"面板中，如图 3-16 所示。

图 3-16

3）选择音频素材"2.1.1.mp3"，使用"剃刀工具"裁切到视频素材结尾的位置，并将多余的部分删除，如图 3-17 所示。

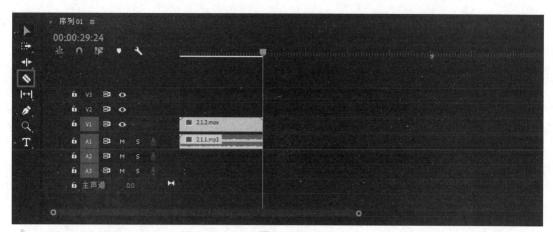

图 3-17

4）选择音频素材，将时间指示器放置在起始位置，展开音频轨道，单击"添加 / 移除关键帧"按钮添加一个关键帧，如图 3-18 所示。

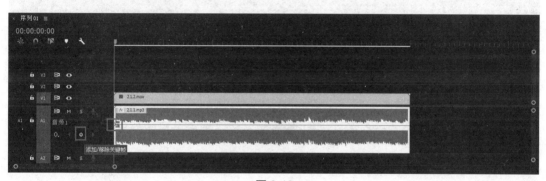

图 3-18

5）可适当调整素材在时间轴面板的显示区域，放大显示区域有利于更精细的操作。向右拖动时间指示器，确定音频淡入过渡的范围，在过渡截止位置添加关键帧，此关键帧可充当占位符，保持声音素材在这个关键帧之后的延续音量停在 100% 的位置，如图 3-19 所示。

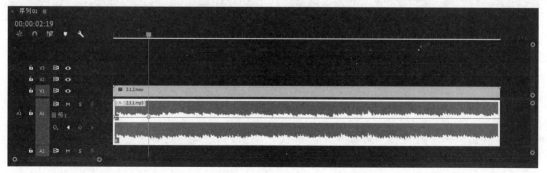

图 3-19

6）按照相同的方法，通过添加两个关键帧确定音频淡出过渡的范围，如图 3-20 所示。

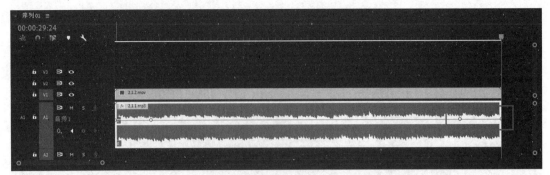

图 3-20

7) 选择音频起始位置的关键帧向下拖动, 这会使音频素材逐渐淡入 (在单击并拖动时, 会有一个读数显示当前时间轴位置和分贝的更改, 可根据需要上下拖动调整分贝高低), 如图 3-21 所示。

图 3-21

8) 选择音频结束位置的关键帧向下拖动, 使音频素材逐渐淡出, 如图 3-22 所示。

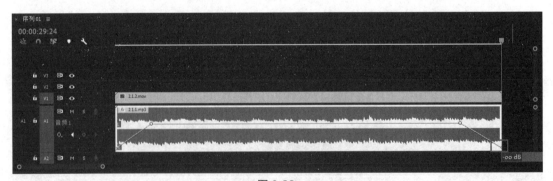

图 3-22

9) 单击 "节目监视器" 面板中的 "播放 / 停止切换" 按钮, 预览最终效果, 如图 3-23 所示。

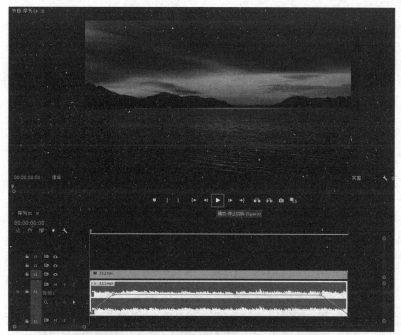

图 3-23

技能点五　音频音量调节

音频的编辑中还包括许多的调整操作,例如音量的调整,音频的单声道、立体声和其他多声道的操作,多声道中声像的平衡,以及不同音频格式的导入 / 导出等。将音频素材拖入时间轴,音量过高会产生过曝失真,音量过低会影响效果,但是单凭听觉不容易将音频调整到一个合适的音量级别,使用 Premiere Pro 中的音频增益检测则可以进行适当的设置。音频增益命令用于标准化音频,会将素材的级别提高到不失真情况下的最高级。标准化通常是确保音频级别在整个制作过程中保持不变的有效方法。

拓展演练——使用音频增益命令调整音频音量

1)执行"文件→新建→项目"命令,在"新建项目"对话框中设置项目的存储位置和文件名,然后单击"确定"按钮,如图 3-24 所示;在项目面板中单击"新建项"按钮,然后保持默认设置,单击"确定"按钮,创建一个序列,如图 3-25 所示。

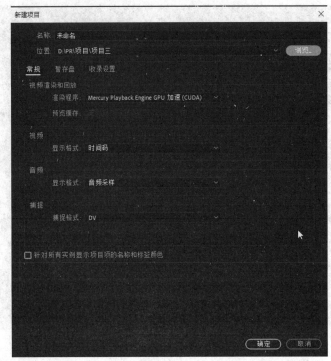

图 3-24

图 3-25

2）执行"文件→导入"命令，导入音频素材"2.2.mp3"，并将其拖入"时间轴"面板，如图3-26所示。

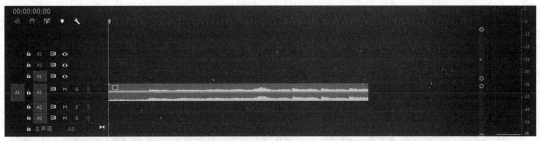

图 3-26

3）将时间指示器放置在音频素材的中间处，使用"剃刀工具"在此处切割，并将后面的部分选中，按"Delete"键将其删除，如图 3-27 和图 3-28 所示。

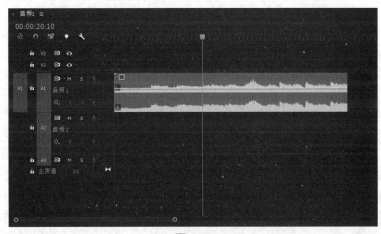

图 3-27

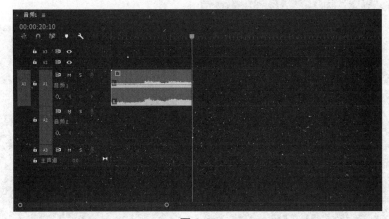

图 3-28

4）保持音频素材的选中状态，单击鼠标右键，选择"音频增益"命令，打开"音频增益"对话框，选中"标准化最大峰值为："，并将该值设置为"0dB"，当前素材片段中音频的音量改变为音量警示范围内的最大值,单击"确定"按钮,如图 3-29 所示,操作完成后可以看到素材片段中音频波形的高度变化,如图 3-30 所示。

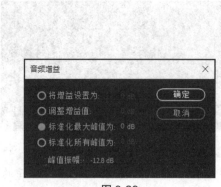

图 3-29

图 3-30

技能点六　音频特殊效果

通常情况下,利用 Premiere Pro 对音频进行剪辑、合成的操作较多,而对特殊音频效果处理的情况较少。对于特殊的音频效果一般会使用专业的音频软件去单独处理。一些简单的和要求不高的音频效果,可以在 Premiere Pro 中制作。Premiere Pro 音频效果的使用与视频效果一样,在"效果"面板的"音频效果"下,将需要使用的效果拖至时间轴的音频素材片段上,即可添加音频效果,然后在"效果控件"面板中可以对音频效果再做进一步设置,如图 3-31 所示。音频效果中有可以用来制作延迟和回响、消除噪声、模拟收音机播放、变化音调等多种用途的效果。

图 3-31

技能点七　项目实战——定格转场视频制作

1）选择"文件"→"新建"→"项目"，在"新建项目"对话框中设置项目的存储位置和文件名，然后单击"确定"按钮，如图 3-32 所示。

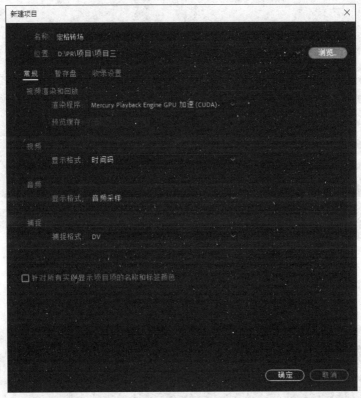

图 3-32

2）单击"新建项"按钮，在打开的"新建序列"对话框中单击"设置"，"编辑模式"选择"自定义"，将视频的"帧大小"设置为 1920×1080，"像素长宽比"选择"方形像素（1.0）"，"场"选择"无场（逐行扫描）"，在为其设置好名称后单击"确定"按钮即可，如图 3-33 所示。

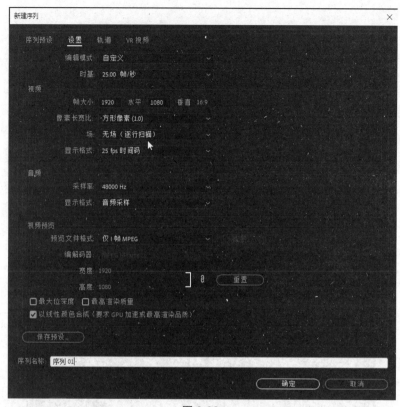

图 3-33

3）在菜单栏中执行"文件→导入"命令，将音频素材中的"背景音乐 .mp3"导入"项目"面板中，再将其拖曳到刚创建好的序列中，如图 3-34 所示。

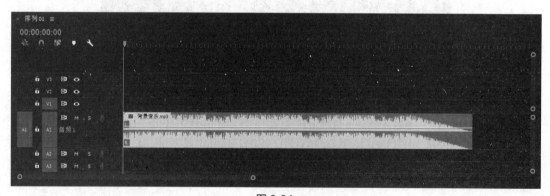

图 3-34

4）观察音频素材的波形，在开头处没有明显的音频过渡，为了给音频素材添加一个类似淡入的效果，可以在"效果"面板中搜索"指数淡化"效果，并将其拖曳到音频素材的入点位置 00:00:00:00，放大时间轴即可看到音频过渡效果的添加，如图 3-35 所示。

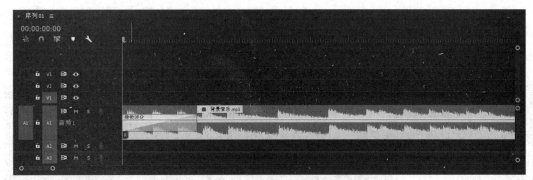

图 3-35

5）在菜单栏中执行"文件→导入"命令，将"视频素材"文件夹中的"001.mp4"素材导入"项目"面板中，再将其拖曳到当前序列中，将时间指示器拖到 00:00:05:10（大概为第一小节音乐结束的位置），使用"剃刀工具"进行切割，选中后面的部分按"Delete"键删除，如图3-36 所示。

图 3-36

6）播放视频会发现素材在"节目监视器"面板中显示的画面大小与序列预设不匹配，选中视频素材，单击鼠标右键，执行"缩放为帧大小"命令，即可匹配当前序列，如图 3-37 所示。

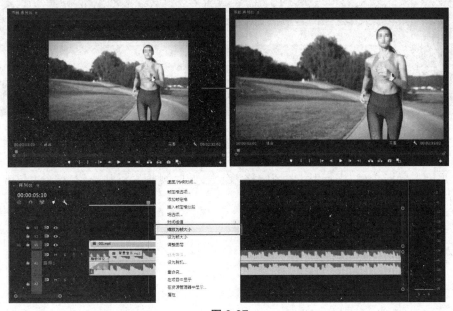

图 3-37

7）在"效果"面板中搜索"黑场过度"效果，将其拖曳到"时间轴"面板视频素材的入点位置 00:00:00:00，选中该效果，在"效果控制"面板中设置持续时间为 00:00:01:00，开场过渡效果制作完毕，如图 3-38 所示。

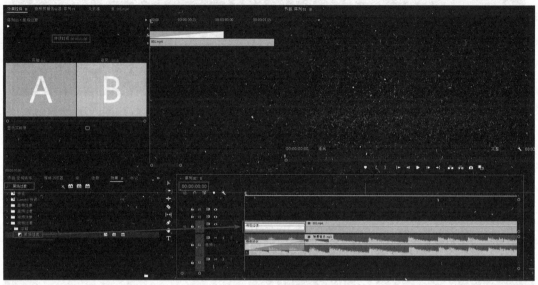

图 3-38

8）在菜单栏中执行"文件→导入"命令，将"音频素材"文件夹中的"快门音效 .mp3"素材导入"项目"面板中，再将其拖曳到时间轴 00:00:02:21 的位置，如图 3-39 所示。

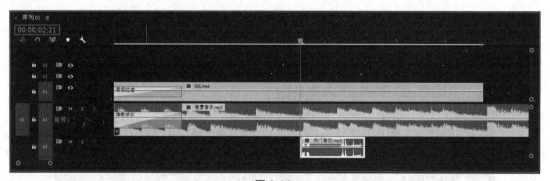

图 3-39

9）将时间指示器拖到"快门音效 .mp3"素材播放"咔嚓"声的位置 00:00:03:10，选中视频素材并单击鼠标右键，执行"添加帧定格"命令，此时视频素材从该位置到出点都变成图片一样的定格效果，如图 3-40 所示。

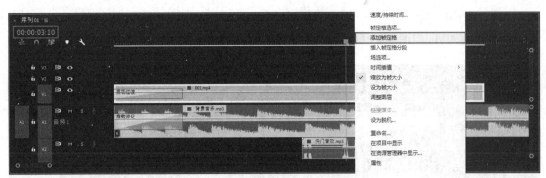

图 3-40

　　10）在轨道控制区的"视频 1"的空白区域单击鼠标右键,执行"添加轨道"命令,在弹出的"添加轨道"对话框中,"添加"选项设置为"4 视频轨道","放置"选项设置为"在第一条轨道之前",最后单击"确定"按钮,如图 3-41 所示。

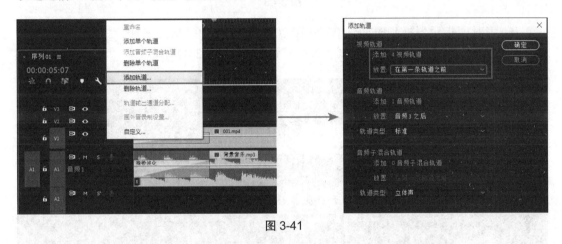

图 3-41

　　11）执行完上一步操作后,原本的"视频 1"的下方添加了 4 条新的视频轨道,其本身也变为了"视频轨道 5",如图 3-42 所示。

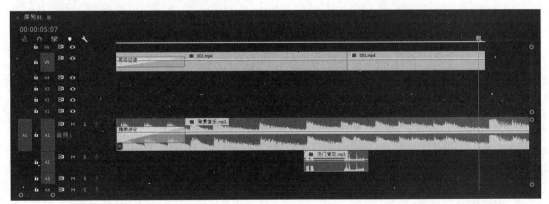

图 3-42

　　12）在菜单栏中执行"文件→导入"命令,将"视频素材"文件夹中的"002.mp4"素材导入"项目"面板中,再将其拖曳到"视频轨道 4"中时间轴 00:00:03:10 的位置,与"001.mp4"素材的剪辑点对齐,如图 3-43 所示。

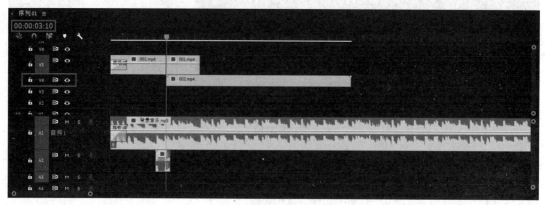

图 3-43

13)将时间指示器拖到时间轴 00:00:10:20 的位置,使用"剃刀工具"对视频素材"002.mp4"进行切割,选中后面的部分并按"Delete"键删除,如图 3-44 所示。

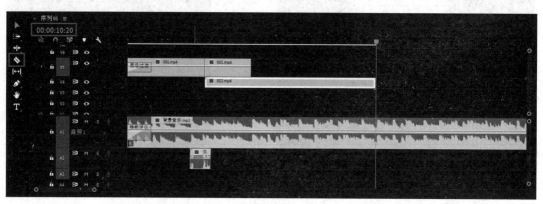

图 3-44

14)将"时间指示器"拖动到时间轴 00:00:10:20 往前两秒 00:00:08:20 的位置,选中视频素材"002.mp4",单击鼠标右键,执行"添加帧定格"命令,此时视频素材"002.mp4"从该位置一直到出点都变成图片一样的定格效果,如图 3-45 所示。

15)按住"Alt"键拖动"快门音效 .mp3"将其复制一个,入点放置在时间轴 00:00:09:21 的位置。与视频素材"001.mp4"的剪辑思路相同,复制音效的"咔嚓"声要与视频素材"002.mp4"的剪辑点基本对齐,如图 3-46 所示。

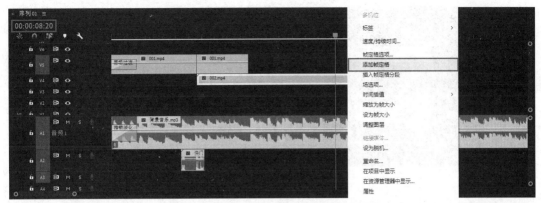

图 3-45

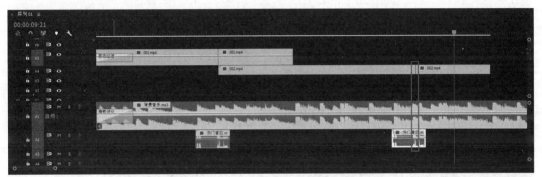

图 3-46

16）在菜单栏中执行"文件→导入"命令，将"视频素材"文件夹中的"003.mp4"素材导入"项目"面板中，再将其拖曳到"视频轨道 3"中时间轴 00:00:08:20 的位置，与"002.mp4"素材的剪辑点对齐，如图 3-47 所示。

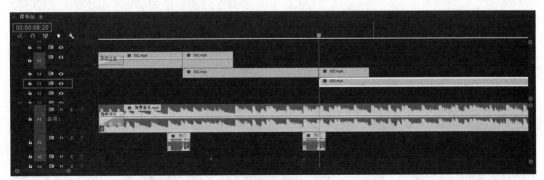

图 3-47

17）将时间指示器拖到时间轴 00:00:16:00 的位置，使用"剃刀工具"对视频素材"003.mp4"进行切割，选中后面的部分并按"Delete"键删除，如图 3-48 所示。

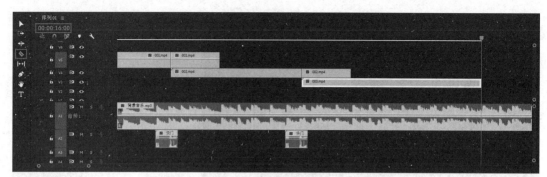

图 3-48

18）将时间指示器拖动到时间轴 00:00:16:00 往前两秒 00:00:14:00 的位置，选中视频素材"003.mp4"，单击鼠标右键，选择"添加帧定格"命令，此时视频素材"003.mp4"从该位置到出点都变成图片一样的定格效果，如图 3-49 所示。

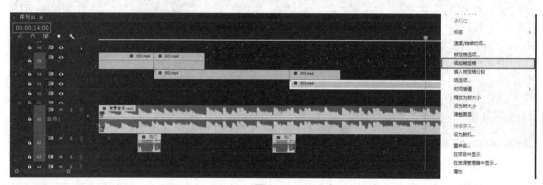

图 3-49

19）按住"Alt"键拖动"快门音效 .mp3"再将其复制一个，入点放置在时间轴 00:00:14:28 的位置。同样，复制音效的"咔嚓"声要与视频素材"003.mp4"的剪辑点基本对齐，如图 3-50 所示。

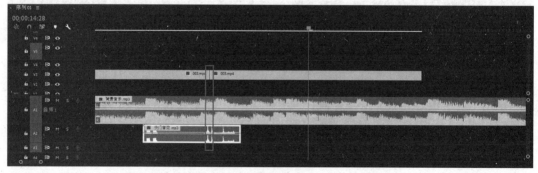

图 3-50

20）在菜单栏中执行"文件→导入"命令，将视频素材"004.mp4"导入"视频轨道 2"中，入点在时间轴 00:00:14:00 的位置，与视频素材"003.mp4"的剪辑点对齐；将时间指示器拖到时间轴 00:00:21:10 的位置，使用"剃刀工具"对视频素材"004.mp4"进行切割，选中后面的部分并按"Delete"键删除,如图 3-51 所示。

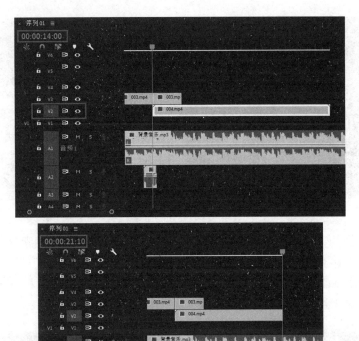

图 3-51

21)将时间指示器拖动到时间轴 00:00:21:10 往前两秒 00:00:19:10 的位置,选中视频素材"004.mp4"并单击鼠标右键,执行"添加帧定格"命令,此时视频素材"004.mp4"从该位置到出点都变成图片一样的定格效果,如图 3-52 所示。

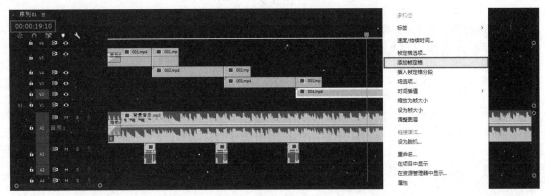

图 3-52

22)按住"Alt"键拖动"快门音效 .mp3"继续复制一个副本,入点放置在时间轴 00:00:18:21 的位置。同样,复制音效的"咔嚓"声要与视频素材"004.mp4"的剪辑点基本对齐,如图 3-53 所示。

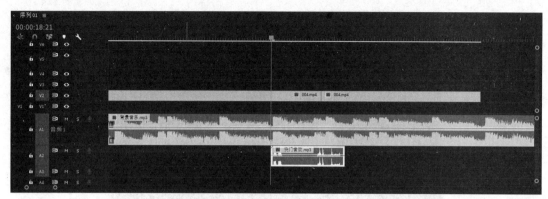

图 3-53

23)按照同样的方法,在菜单栏中执行"文件→导入"命令,将视频素材"005.mp4"导入"视频 1"中,入点在时间轴 00:00:19:10 的位置,与视频素材"004.mp4"的剪辑点对齐;将时间指示器拖到时间轴 00:00:29:10 的位置,使用"剃刀工具"对视频素材"005.mp4"进行切割,选中后面的部分并按"Delete"键删除,如图 3-54 所示。

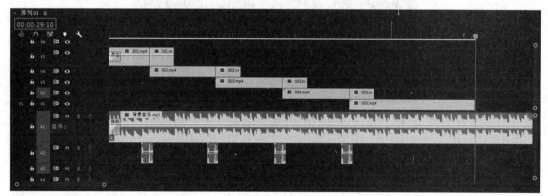

图 3-54

24)播放视频会发现素材在"节目监视器"面板中显示的画面大小与序列预设不匹配,选中视频素材并单击鼠标右键,执行"缩放为帧大小"命令即可匹配当前序列,如图 3-55 所示。

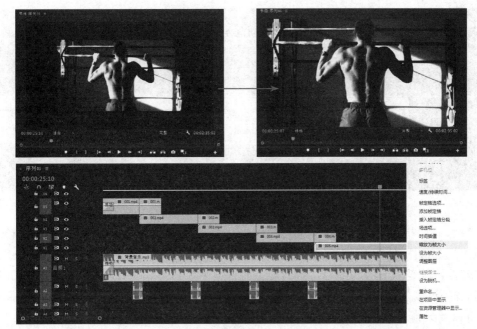

图 3-55

25）将时间指示器拖动到时间轴 00:00:25:07 的位置，选中视频素材"005.mp4"，单击鼠标右键，选择"添加帧定格"命令，此时视频素材"005.mp4"从该位置到出点也变成图片一样的定格效果，如图 3-56 所示。

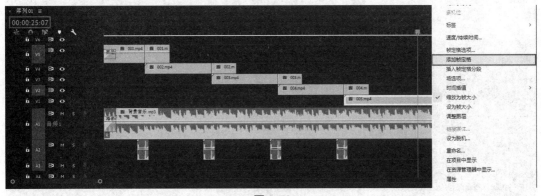

图 3-56

26）按住"Alt"键拖动"快门音效 .mp3"进行第四次复制，入点放置在时间轴 00:00:24:18 的位置。同样，复制音效的"咔嚓"声要与视频素材"005.mp4"的剪辑点基本对齐，如图 3-57 所示。

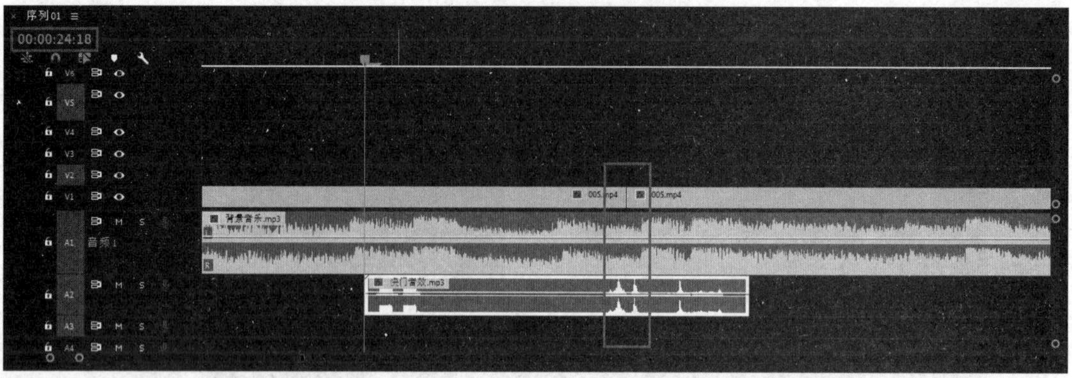

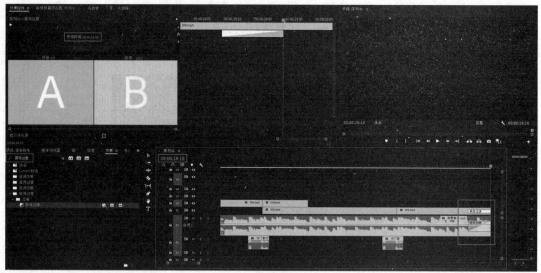

图 3-57

27）将时间指示器拖动到视频素材"005.mp4"的出点位置 00:00:29:10，选择音频素材"背景音乐 .mp3"，使用"剃刀工具"在该位置进行切割，单击后面的部分并按"Delete"键删除；接着按快捷键"Ctrl+Shift+D"，给音频素材添加"恒定功率"的淡出效果，放大时间轴即可看到音频过渡效果的添加；视频结尾处也需要添加淡出效果，在"效果"面板搜索"黑场过渡"，将该效果拖曳到视频素材"005.mp4"的结尾处，单击效果以将其激活，在"效果控件"面板中，修改持续时间为 00:00:01:00，如图 3-58 所示。

图 3-58

28）完成上述操作后，所有的视频素材都被剪辑成动态画面和定格画面两部分。接下来，将为导入的视频素材添加转场效果。为了创建动态转场效果，首先需要将 5 个视频素材的定格部分进行嵌套。选中视频素材"001.mp4"的定格部分并单击鼠标右键，执行"嵌套"命令，在弹出的对话框中为嵌套序列命名，单击"确定"按钮，如图 3-59 所示。

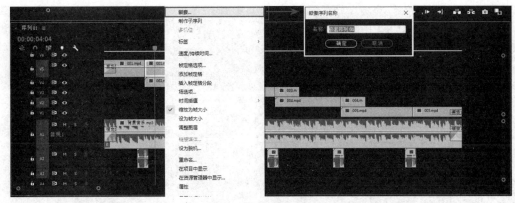

图 3-59

29）按照上一步骤的操作，将剩余视频素材的定格部分执行相同的嵌套操作，结果如图 3-60 所示。

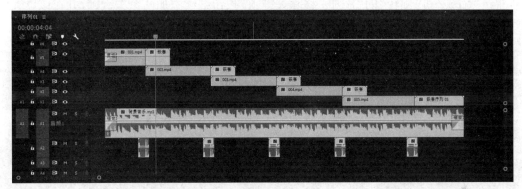

图 3-60

30）选中视频素材"001.mp4"的定格部分，在"效果"面板中搜索"变换"，将其拖曳到嵌套序列上，接着在"效果"面板中搜索"径向阴影"，将其也拖曳到嵌套序列上，如图 3-61 所示。

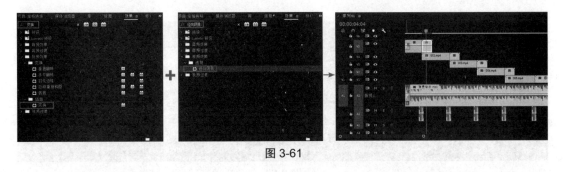

图 3-61

31）保持视频素材"001.mp4"定格部分的选中状态，将时间指示器拖曳到 00:00:03:10 的位置，也就是视频素材"001.mp4"的剪辑点，在"效果控件"面板的变换选项下，单击"缩放"和"旋转"前的秒表图标，添加两个关键帧，如图 3-62 所示。

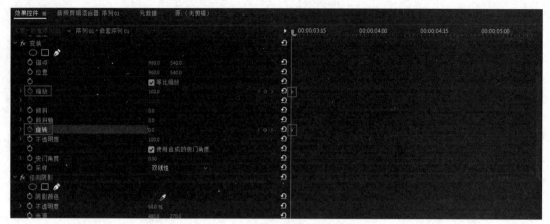

图 3-62

32）将时间指示器向后拖曳到 00:00:03:25 的位置，在"效果控件"面板的"变换"选项下，单击"缩放"和"旋转"的"添加 / 移除关键帧"按钮继续添加两个关键帧，并在该位置修改"缩放"参数为"60%"，"旋转"参数为"6°"，如图 3-63 所示。

图 3-63

33）为该素材添加边框效果。在"效果控件"面板的"径向阴影"选项下，"阴影颜色"改为白色，"不透明度"改为"100%"，"光源"调整为"990"和"590"，"投影距离"改为"3"，如图 3-64 所示。

图 3-64

34）为该素材添加掉落效果。将时间指示器向后拖曳到素材将要结束的位置 00:00:05:05，在"效果控件"面板的"变换"选项下，单击"缩放"和"旋转"的"添加 / 移除关键帧"按钮继续添加两个关键帧，并在该位置修改"缩放"参数为"40%"，"旋转"参数为

"11°"，如图 3-65 所示。

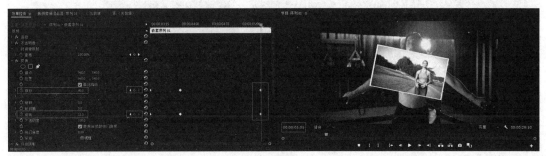

图 3-65

35）保持在该时间位置，在"效果控件"面板的"变换"选项下，单击"位置"命令前的秒表图标添加关键帧，修改"位置"垂直方向参数为"1369"，此时素材将完全出画，如图 3-66 所示。

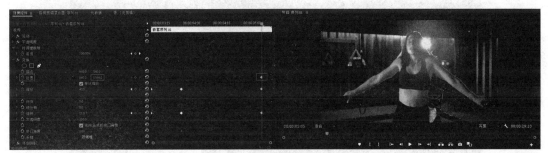

图 3-66

36）将时间指示器向前拖曳到 00:00:04:25，在"效果控件"面板的"变换"选项下，单击"位置"的"添加 / 移除关键帧"按钮添加一个关键帧，并单击"重置参数"按钮，此时素材的"位置"将回到掉落前的状态，如图 3-67 所示。

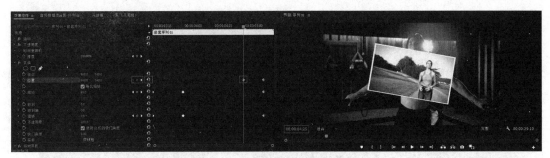

图 3-67

37）框选"效果控件"面板上所有的关键帧并单击鼠标右键，为其依次添加"缓入"和"缓出"效果，如图 3-68 所示。

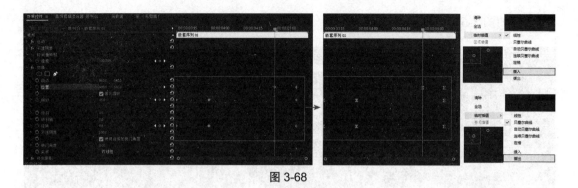

图 3-68

38）框选"效果控件"面板上"缩放"和"旋转"的第二个关键帧并单击鼠标右键,选择"自动贝塞尔曲线",使素材的运动效果更加自然,如图 3-69 所示。

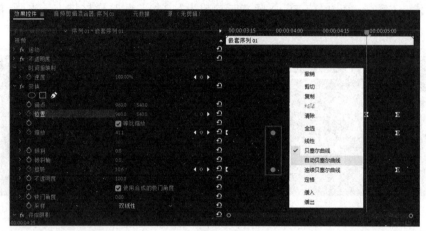

图 3-69

39）单击"位置"命令前的三角标,打开速度曲线,调整贝塞尔曲线的运动轨迹,使素材产生变速下落的运动效果,如图 3-70 所示。

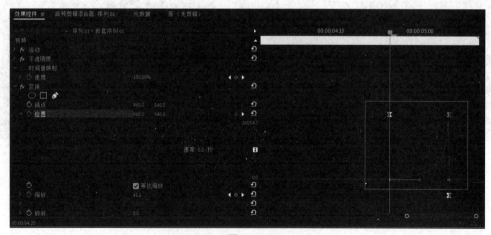

图 3-70

40）在"效果控件"面板的"变换"选项下，去掉"使用合成的快门角度"命令的勾选，并修改"快门角度"参数为"360"，此时素材的运动将产生动态模糊的效果，如图 3-71 所示。

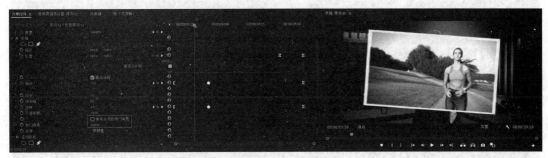

图 3-71

41）视频素材"001.mp4"嵌套序列的动态效果制作完成，在"效果控件"面板中，首先选择"变换"，再按下"Ctrl"键加选"径向阴影"，并单击鼠标右键，执行"复制"命令，如图 3-72 所示。

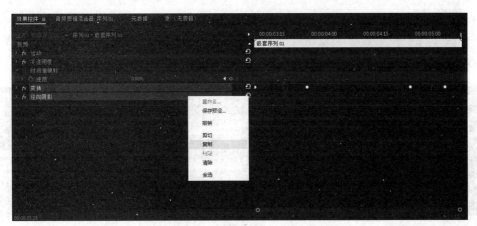

图 3-72

42）在"时间轴"面板中，选中视频素材"002.mp4"的嵌套序列，将时间指示器放置在第一帧的位置，单击鼠标右键，按快捷键"Ctrl+V"进行运动效果的粘贴，如图 3-73 所示。按照这一操作方法，依次为视频素材"003.mp4"和"004.mp4"的嵌套序列进行运动效果的粘贴。

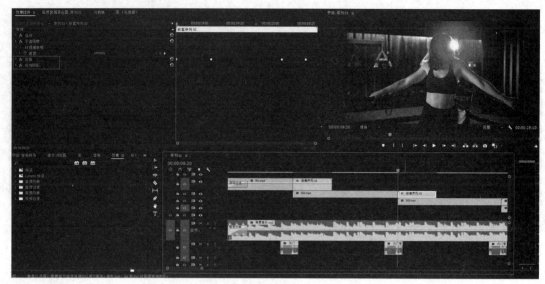

图 3-73

43）嵌套序列的运动效果制作完毕，接着为视频的动态画面添加一些特殊效果。在"时间轴"面板中选中视频素材"002.mp4"，在"效果"面板中搜索"高斯模糊"，并将其拖曳到素材上，如图 3-74 所示。

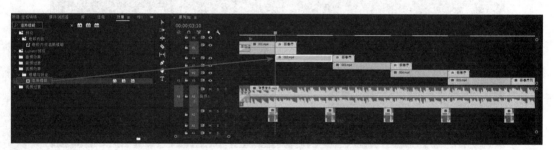

图 3-74

44）将时间指示器拖曳到视频素材"002.mp4"的入点位置，在"效果控件"面板的"高斯模糊"选项下，单击"模糊度"命令前的秒表图标 █ 添加关键帧，并将参数修改为"50"，勾选"重复边沿像素"复选项，如图 3-75 所示。

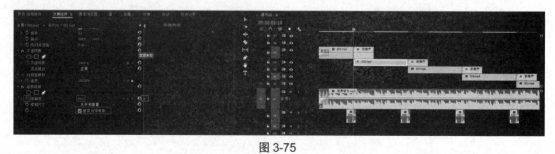

图 3-75

45）将时间指示器拖曳到时间轴 00:00:04:27，大约为视频素材"001.mp4"嵌套序列开始掉落的位置,在"高斯模糊"选项下,单击"模糊度"的"添加/移除关键帧"按钮添加一个关键帧,并将参数修改为"0",此时视频素材"002.mp4"的开头画面添加了由模糊到清晰的特殊效果,如图 3-76 所示。按照同样的操作方法,依次为视频素材"003.mp4""004.mp4"和"005.mp4"的开头画面添加模糊效果。

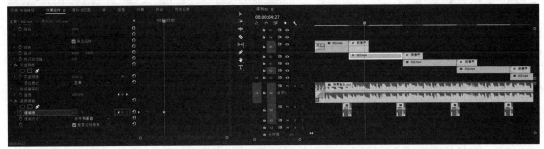

图 3-76

46)配合快门音效为视频素材添加闪光灯效果。在"效果"面板搜索"白场过渡"效果,并将其拖曳到视频素材"001.mp4"嵌套序列的开头位置 00:00:03:10,在"效果控件"面板中修改过渡"持续时间"为 00:00:00:08,如图 3-77 所示。

图 3-77

47)在"时间轴"面板单击"白场过渡",按快捷键"Ctrl+C"进行效果复制,依次选择视频素材"002.mp4""003.mp4""004.mp4"和"005.mp4"的嵌套序列并在其开头位置按快捷键"Ctrl+V"进行效果粘贴,如图 3-78 所示。

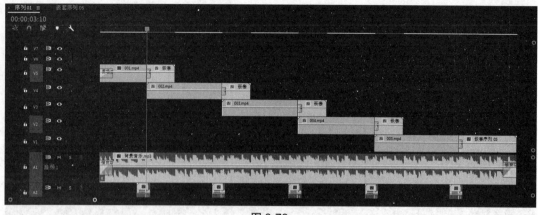

图 3-78

48）在"节目监视器"面板预览视频效果后即可导出影片，执行"文件→导出→媒体"命令，在"导出设置"窗口的"格式"选项中选择"H.264"格式，其他保持默认，单击"导出"按钮即可导出整部影片，如图 3-79 所示。

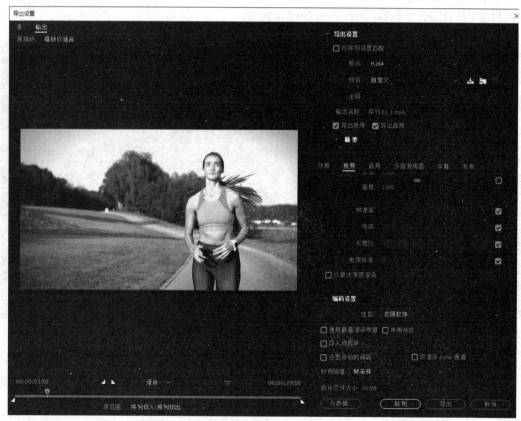

图 3-79

一、选择题

1．"恒定功率"过渡效果的快捷键为（　　　）。

A.Ctrl+D　　　　　　　B.Ctrl+Shift+B　　　　　C.Shift+D　　　　　　　D.Ctrl+Shift+D

2．在"效果"面板的"音频过渡"文件夹中的"交叉淡化"下包括（　　　）过渡效果。

A.2 种　　　　　　　　B.3 种　　　　　　　　C.4 种　　　　　　　　D.5 种

3．音量变化为直线均匀降低和升高的音量变化过渡效果为（　　　）。

A. 恒定功率　　　　　B. 恒定增益　　　　　C. 交叉淡化　　　　　D. 指数淡化

4．将素材的音频级别提高到不失真情况下的最高级别的命令是（　　　）。

A. 恒定功率　　　　　B. 恒定增益　　　　　C. 音频增益　　　　　D. 指数淡化

5．除了在"时间轴"面板中可以编辑音频素材以外，在（　　　）中也可以编辑音频的出点和入点。

A. 源监视器　　　　　B. 效果控件　　　　　C. 节目监视器　　　　D. 项目面板

二、简答题

1．简述在 Premiere Pro 中音频声道的设置方法。

2．简述在 Premiere Pro 中的音频过渡效果。

三、操作题

根据本项目所学知识，结合"课后练习"文件夹中提供的素材，自由创作一个定格转场电子相册。

项目四　视频的颜色调整与校正

随着科技的不断进步,数字技术与视频制作的融合越来越广泛,视频的后期制作已经成为视频制作的重要环节。现在的视频制作几乎都要用到后期的数字调色,数字调色技术可以对镜头画面进行更好的把控与润色。现今的数字摄影机设备已经越来越先进,通过对色彩情感、画面进行构思设计,可以使观众在画面中感受更加深刻的内涵,将观众的情感带入艺术赏析中。本项目旨在通过旅拍短视频的后期制作讲解 Premiere Pro 中校正、调整和优化视频素材色彩的技术与方法,使读者在任务实现过程中做到以下几点:

- 掌握视频素材的调整与校正方法;
- 掌握如何通过"图像控制"效果调整视频色调;
- 掌握如何通过"过时"效果调整视频色调;
- 掌握如何通过"Lumetri 颜色"面板调整视频色调;
- 通过实践掌握后期剪辑中校正、调整和优化素材色彩的方法。

视频作品都是由一个个视频片段组合而成的,将前期拍摄的视频素材剪辑并组合为完整的视频后,除了需要添加视频过渡以及视频效果之外,还需要对视频画面进行色彩校正或者调整画面色调。这是因为对于完整的视频作品来说,画面调色的好坏程度,直接决定了视频的画质,也会对观众的情感体验产生一定的影响。在前期拍摄时,由于无法控制视频拍摄地点的光照条件以及其他物体对光照的影响,画面的色调不一定符合作品想要呈现的意境和氛围,需要在后期制作中进行矫正和调整。本项目以旅拍短视频的制作为载体,带领读者快速掌握视频后期调色的方法与技巧。

技能点一 视频色调的调整与校正

随着数字技术的不断提高,调色在视频制作中的运用越来越广泛,也由此产生了许多实拍达不到的艺术效果,极大地拓展了影视作品的表现空间和表现能力。想要通过视频后期制作阐明需要表达的内容,就需要根据作品主题思想,运用各种色彩感情和艺术手段进行画面的构思和设计,在充分体现内容思想的基础上,使画面或生动活泼或宏伟大气,让观众从画面中感觉到画面外的立意和匠心,它体现了创作者为视频作品所注入的情绪,这种情绪一旦渗透到每一个镜头画面中就会产生一种统一的、契合主题思想的视觉情调,从而将观众的思绪和情感带入预期的艺术境界中。掌握视频调色的相关概念,更有利于视频的后期编辑与制作。

一、后期调色的一般步骤

1. 一级校色

原始视频素材,画面是以中性的所谓"标准"基色为主,前期拍摄中,主要控制的是画面的曝光、白平衡、构图、视角、运动等基本指标。对于这些要素,有时需要在后期进行调整和设置,因为一部片子是由多个视频素材组成的,一个个素材片段的颜色和曝光可能五花八门,后期校色工作的目的就在于使多个素材的曝光、白平衡和颜色趋于统一,从而使整部片子在风格上保持一致。

在一开始的校色工作当中,首先要做全局性的调整:包括视频素材整体的亮度、曝光度、对比度、白平衡以及 RGB 三色通道的比例等。如图 4-1 所示,当画面存在偏色的情况时,需要对 RGB 三色通道的比例进行调整。

图 4-1

2. 二级校色

基础的校色工作完成后,要对画面进行风格化的调整。风格化的调色,指的是在某一个色彩空间当中,对色彩进行全局的强化、弱化(比如饱和度、自然饱和度调整)处理,对某些色彩进行映射和偏转等等。人们对于画面的感觉是直观、快速、具象的,调色可以唤起观众的观赏情绪,甚至改变一部作品的风格。合格的调色,应该完全与影片主题相吻合,不温不火,不夸张,不炫技。

例如 2018 年热度极高的国产电视剧《延禧攻略》,除了跌宕起伏的剧情,画面色调也频频登上微博热搜,整部剧的色调颠覆了以往高饱和度、色彩艳丽的宫廷剧之风,取而代之的是一种舒缓、宁静的"莫兰迪"色调(如图 4-2 和图 4-3 所示),这种高级灰色调所呈现的画面质感不仅符合当代审美,也符合剧中的时代背景。

图 4-2

图 4-3

电影《布达佩斯大饭店》以叙事怀旧的口吻讲述了布达佩斯大饭店的前生今世。作为一部 2014 年上映的电影,导演韦斯•安德森的美学风格令人眼前一亮。安德森运用了一种独特的幽默感来向世人展示了一个时代的消亡,他的电影极具辨识度,比如韦斯•安德森式配色、韦斯•安德森式对称。往往一个画面出来,人们就知道这是韦斯•安德森的作品。《布达佩斯大饭店》的影片画面以大面积的粉色为基调,渲染出古老的欧洲时代的独特感觉。一幅幅画面精美绝伦,犹如油画一样的质地、考究的细节给观众带来了一场视觉上的盛宴,如图 4-4 和图 4-5 所示。该片的童话色调还诞生了一个流行色——千禧粉,并在当时风靡全球。

图 4-4

图 4-5

二、后期调色技巧

调色的意义不外乎两种,一是提升画面品质,二是增加画面氛围。好的调色可以让整部影视作品脱胎换骨,那么到底怎么调色才能出现这种效果呢? 以下就来介绍几种通用的后期调色技巧。

1. 互补色配色

互补色是指两种对应的颜色所形成的对比效果,如图 4-6 所示。在后期调色中,经常以暖色系与冷色系的两种颜色来强调对比度以及提升鲜艳、突出的效果。一般来说,暖色调会让画面表现出厚重、可靠、饱满、沉稳的感受。而冷色调则会显示出安静、空荡、遥远、清灵的感受。在后期调色中,就要根据视频的风格,采用恰当的冷暖调,甚至通过冷暖调的反差和对比,进一步强化主观的视觉感受,让观众潜移默化地受到画面色调的影响,从而达到作品思想的有效传达。需要注意的是,使用互补色模式时须适度调整饱和度,使对比效果令人赏心悦目而不刺眼。

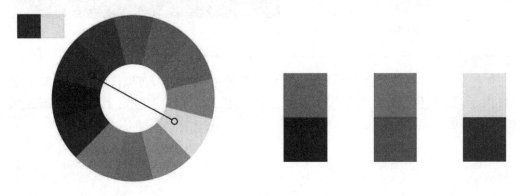

图 4-6

互补色最常见的例子为青橙色调即蓝绿调＋橘黄调,这种色彩风格以青色为画面的主要色彩基调,在小范围的色彩中突出橙色或者黄色、橘红色等等。通过降低其他色彩的饱和度和明度,达到整个画面清新冷峻的视觉效果。这种风格在好莱坞及各种电影中广泛流行。由于胶片的历史原因,加上人的眼睛对绿色更敏感更舒适,偏绿的画面成了一种影像美学默认标准。青橙色调对比反差大,在画面风格化的同时又能保证人物肤色的正常、细腻,如图4-7 和图4-8 所示。

图 4-7　　　　　　　　　　　　　　　图 4-8

2. 相似色配色

相似色是由指色相环上邻近的颜色组成的,能呈现出电影中整体色彩的协调感。彼此之间的色彩结合较为柔和,因此并不会表现出像互补色模式那样强烈的效果,如图4-9 所示。通常以相似色作为电影中的风景色调来呈现自然、柔和之感。最常见的模式是选择一个主色系,并挑选与其相近的色彩作搭配,最后再以黑色、白色以及灰色作衬托,如图4-10所示。

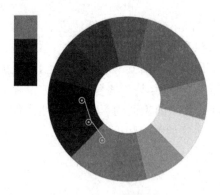

图 4-9　　　　　　　　　　　　　　　图 4-10

3. 三角色配色

三角色是通过在色环上创建一个等边三角形得到的一组颜色,可以让作品视觉丰富,如图4-11 所示。三角色色调为电影中比较冷门的配色模式,不过适当使用会展现出惊艳的效果,如图4-12 所示。

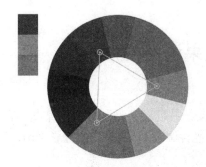

图 4-11

图 4-12

4. 分散的互补色配色

分散的互补色和互补色的区别在于分散的互补色并不是取目标颜色正对面的颜色，如图 4-13 所示。例如黄色的互补色应该是紫色，但是分散的互补色取的是紫色旁边的两个颜色——紫红色和蓝紫色。这样不仅可以使画面有一个强烈的对比度，还可以让色彩信息更加丰富，如图 4-14 所示。

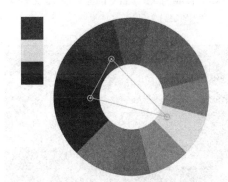

图 4-13

图 4-14

5. 矩形配色

矩形配色是由两组互补色构成的，如图 4-15 所示。通常具有五光十色的缤纷感，但至少有一种主色来突显效果，如图 4-16 所示。

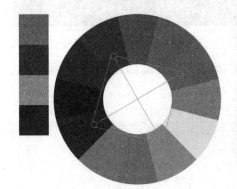

图 4-15

图 4-16

技能点二　通过"图像控制"效果调整视频色调

　　"效果"面板中"图像控制"效果的主要功能是更改或替换视频素材画面内的某些颜色效果，从而达到优化画面内容的目的。而在该效果组中，包含调节画面的灰度、色彩平衡，还包括改变固定颜色以及整体颜色等调整效果。

一、调整画面的亮度

1. 灰度系数校正

　　若想简单调整画面的亮度，可以通过"效果"面板中"图像控制"组件下的"灰度系数校正"效果来实现，其作用是通过调整画面的灰度级别，从而改善图像显示效果，优化图像质量。与其他视频效果相比，"灰度系数校正"效果的调整参数较少，调整方法也较为简单。首先，在"效果"面板中搜索"灰度系数校正"效果，将该效果拖曳到"时间轴"面板的视频素材中，此时在"效果控件"面板下即可调整该效果的参数，如图 4-17 所示。

图 4-17

　　当降低"灰度系数"选项的取值时，将提高图像内灰度像素的亮度，如图 4-18 所示。

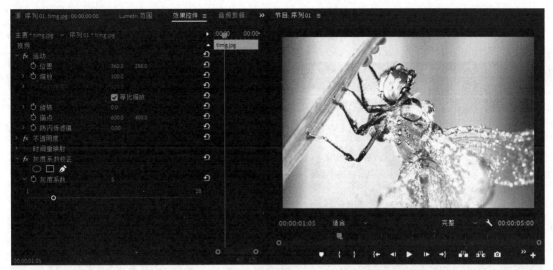

图 4-18

当提高"灰度系数"选项的取值时,则将降低灰度像素的亮度,如图 4-19 所示。

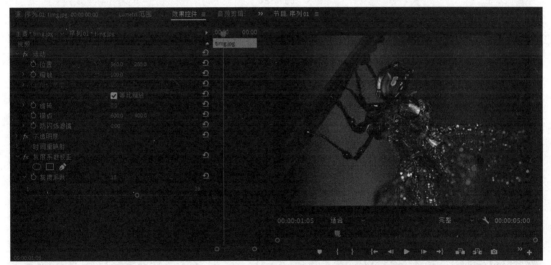

图 4-19

通常情况下拍摄的视频素材为彩色画面,要想制作灰度的视频效果,可以通过 Premiere Pro 中"图像控制"效果组中的"颜色过滤"与"黑白"效果来实现。"颜色过滤"效果能够将视频画面逐渐转换灰度,并且保留某种颜色;"黑白"效果则会将画面直接变成灰度。

2. 颜色过滤

"颜色过滤"效果是将指定颜色及其相近色之外的彩色区域全部变为灰度图像。默认情况下在为素材应用颜色过滤效果后,整个素材画面都会变为灰色。首先,在"效果"面板中搜索"颜色过滤"效果,将该效果拖曳到"时间轴"面板的视频素材中,在"效果控件"面板内的"颜色过滤"选项中,单击"颜色"吸管按钮。然后,在"节目监视器"面板内单击所要保留的颜色,即可去除其他部分的色彩信息,如图 4-20 所示。"相似性"选项的参数决定了保留颜色的范围,数值越高,保留的色彩信息越多;数值越低,保留的色彩信息越少。勾选"反相"复选框后,即可将所选色彩变为灰色。

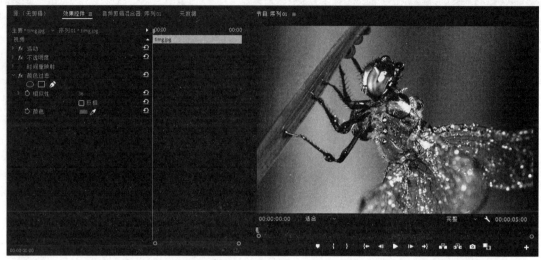

图 4-20

3. 黑白

"黑白"效果也是将彩色画面转换为灰度效果。该效果没有任何参数,只要将效果拖曳至轨道的视频素材中,即可将彩色画面转换为黑白色调,如图 4-21 所示。

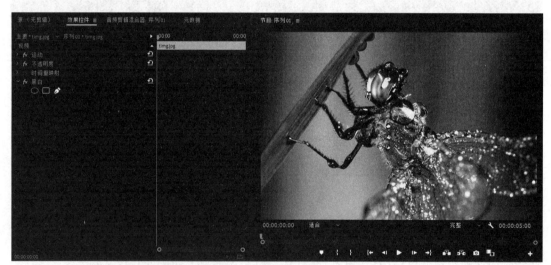

图 4-21

二、调整画面的色彩

1. 颜色平衡 (RGB)

"颜色平衡 (RGB)"效果是通过调整素材内的 R、G、B 颜色通道,达到改变色相、调整颜色的目的。在"效果控件"面板下的"颜色平衡 (RGB)"效果中,"红色""绿色"和"蓝色"选项后的数值分别代表红光、绿光和蓝光在整个画面内的色彩比重与亮度。当 3 个选项的参数值相同时,表示红、绿、蓝 3 种色光的比重无变化,画面整体亮度会随数值的增大或减小提高或降低,如图 4-22 所示。

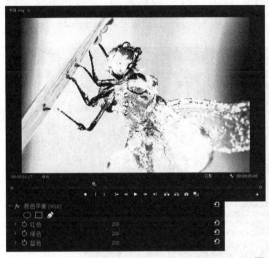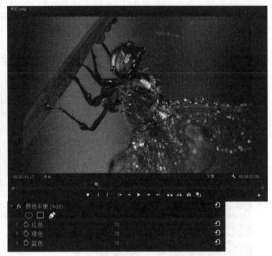

图 4-22

当画面内的某一色彩成分多于其他色彩成分时,画面的整体色调便会偏向于该色彩成分;当降低某一色彩成分时,画面的整体色调便会偏向于其他两种色彩成分的组合。例如在逐渐减少"绿色"选项参数值的过程中,素材画面内的绿色成分越来越少,洋红色更加鲜艳,而绿色的枝叶变成红色,如图 4-23 所示。

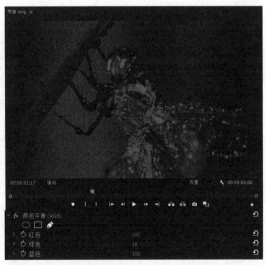

图 4-23

2. 颜色替换

"颜色替换"效果能够将画面中的某个颜色替换为其他颜色,而画面中的其他颜色不发生变化。要实现该效果,只要将该效果添加至轨迹的素材中,并且在"效果控件"面板中分别设置"目标颜色"与"替换颜色"选项,即可改变画面中的某个颜色。在设置"目标颜色"与"替换颜色"选项时,既可通过单击色块来选择颜色,也可以使用吸管工具在"节目监视器"面板中单击来确定颜色。"相似性"选项的参数决定了替换颜色的范围,数值越高,替换的色彩范围越大,数值越低,替换的色彩范围越小。勾选"反向"复选框后,即可将所选色彩变为灰色。勾选"纯色"复选项,可将要替换颜色的区域填充为纯色效果,如图 4-24 所示。

 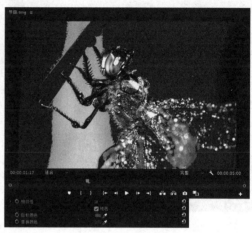

图 4-24

技能点三　通过"过时"效果调整视频色调

前期拍摄的视频,其画面会因为拍摄当天的情况、光照等自然因素,出现亮度不足、饱和度不高或者偏色等问题。Premiere Pro 中的"过时"效果在色彩调整方面的控制选项比较全面,可以很好地处理上述问题。"过时"文件夹下共包括 12 个效果,分别从色相、亮度和饱和度等方面进行校正。

一、"快速颜色校正器"效果

在 Premiere Pro 中有众多调色效果,对于没有特殊要求的画面,可以尝试使用"快速颜色校正器"效果。该效果使用色相和饱和度控件来调整画面的颜色。此效果也有色阶控件,用于调整图像阴影、中间调和高光的强度,如图 4-25 所示。添加效果前和添加效果后的拆分图,如图 4-26 所示。

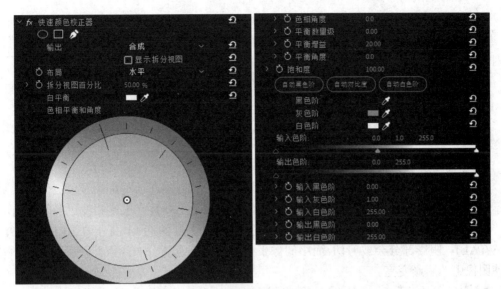

图 4-25

图 4-26

该效果各参数介绍如下。

●【输出】：允许在"节目监视器"面板中查看调整的最终结果（复合）、色调值调整（亮度）或 Alpha 遮罩（蒙版）的显示。

●【显示拆分视图】：将图像的左边或上边部分显示为校正视图，而将图像的右边或下边部分显示为未校正视图。

●【布局】：确定"拆分视图"图像是水平布局还是垂直布局。

●【拆分视图百分比】：调整校正视图的大小，默认值为 50%。

●【白平衡】：通过使用吸管工具来采样图像中的目标颜色或整个软件界面上的任意位置，将白平衡分配给图像，也可以单击色板打开拾色器，然后选择颜色来定义白平衡。

●【色相平衡和角度】：使用色轮控制色相平衡和色相角度。小圆形围绕色轮中心移动，并控制色相（UV）转换。这将会改变平衡数量级和平衡角度。小垂线可以设置控件的相对精度。

●【色相角度】：控制色相旋转，默认值为"0"。

●【平衡数量级】：控制由"平衡角度"确定的颜色平衡校正量。

●【平衡增益】：通过乘法调整亮度值，使较亮的像素受到的影响大于较暗的像素受到的影响。

●【平衡角度】：控制所需的色相值的选择范围。

●【饱和度】：调整画面的颜色饱和度。默认值为"100"，表示不影响颜色。值小于 100 表示降低饱和度，而值为"0"表示完全移除颜色。值大于 100 将产生饱和度更高的颜色。

●【自动黑色阶】：提升画面中的黑色阶，使最黑的色阶高于 7.5IRE(NTSC) 或 0.3 V(PAL)。阴影部分会被剪切，而中间像素值将按比例重新分布。因此，使用自动黑色阶会使图像中的阴影变亮。

●【自动对比度】：同时应用自动黑色阶和自动白色阶。"自动对比度"将使高光变暗而阴影部分变亮。

●【自动白色阶】：降低画面中的白色阶，使最亮的色阶不超过 IRE(NTSC) 或 1.0 V(PAL)。高光的部分会被剪切，而中间像素值将按比例重新分布。因此，使用自动白色阶会使图像中的高光变暗。

●【黑色阶、灰色阶、白色阶】：使用不同的吸管工具来采样图像中的目标颜色或界面上的任意位置，以设置最暗阴影、中间调灰色和最亮高光的色阶。也可以单击色板打开拾色器，然后选择颜色来定义黑色、中间灰色和白色阶。

●【输入色阶】：通过外面的两个输入色阶滑块设置，将黑场和白场映射到输出滑块。中间的输入滑块用于调整图像中的灰度系数，此滑块移动中间调并更改灰色调的中间范围的强度值，但不会明显改变高光和阴影。

●【输出色阶】：将黑场和白场输入色阶滑块映射到指定值。默认情况下，输出滑块分别位于色阶 0(此时阴影是全黑的) 和色阶 255(此时高光是全白的)。因此，在输出滑块的默认位置，移动黑色输入滑块会将阴影值映射到色阶 0，而移动白场滑块会将高光值映射到色阶 255，其余色阶将在色阶 0~255 重新分布。这种重新分布将会缩小图像的色调范围，实际上也是降低图像的总体对比度。

●【输入黑色阶、输入灰色阶、输入白色阶】：调整高光、中间调或阴影的黑场、中间调和白场输入色阶。

●【输出黑色阶、输出白色阶】：调整输入黑色对应的映射输出色阶以及高光、中间调或阴影对应的输入白色阶。

二、"三相颜色校正器"效果

相比"快速颜色校正器"效果，"三向颜色校正器"效果可以对素材画面进行更精准的颜色调整，该效果的选项参数较多，调整起来也更具灵活性，如图 4-27 所示。"三相颜色校正器"效果可针对阴影、中间调和高光调整画面的色相、饱和度和明度，从而进行精细校正。

添加使用"辅助颜色校正"控件指定要校正的颜色范围,可以进一步精细调整。添加效果前和添加效果后的拆分图,如图 4-28 所示。

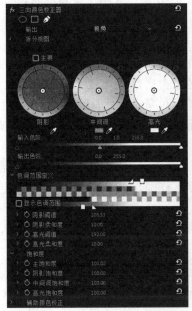

图 4-27

图 4-28

该效果部分参数和前面所讲效果相同,其他参数介绍如下。

●【色调范围定义】:定义画面中的阴影、中间调和高光的色调范围。拖动方形滑块可以调整阈值。拖动三角形滑块可以调整柔和度 (羽化) 的程度。

●【阴影阈值、阴影柔和度、高光阈值、高光柔和度】:确定画面中的阴影、中间调和高光的阈值、柔和度。可以输入数值,或单击选项名称左边的三角形并拖动滑块。

●【阴影饱和度、中间调饱和度、高光饱和度】:调整高光、中间调或阴影中的颜色饱和度。默认值为 100,表示不影响颜色。值小于 100 表示降低饱和度,值为 0 时表示完全移除颜色。值大于 100 将产生饱和度更高的颜色。

●【阴影色相角度、中间调色相角度、高光色相角度】：阴影 / 中间调 / 高光色相角度控制阴影、中间调或高光中的色相旋转。默认值为"0"，负值向左旋转色轮，正值则向右旋转色轮。

●【阴影平衡数量级、中间调平衡数量级、高光平衡数量级】：控制由"平衡角度"确定的颜色平衡校正量，可对高光、中间调和阴影进行调整。

●【阴影平衡增益、中间调平衡增益、高光平衡增益】：通过乘法调整亮度值，使较亮的像素受到的影响大于较暗的像素受到的影响。可对高光、中间调和阴影应用调整。

●【阴影平衡角度、中间调平衡角度、高光平衡角度】：控制高光、中间调或阴影中的色相转换。

●【自动对比度】：同时应用自动黑色阶和自动白色阶，使高光变暗而阴影部分变亮。

●【辅助颜色校正】：指定效果校正的颜色范围，可以通过色相、饱和度和亮度定义颜色。

三、"RGB 曲线"效果

"RGB 曲线"效果针对每个颜色通道使用曲线来调整剪辑的颜色。每条曲线允许在整个图像的色调范围内设置 16 个不同的点。通过使用"辅助颜色校正"控件，还可以指定要校正的颜色范围。该效果的选项组，如图 4-29 所示。添加效果后的拆分图，如图 4-30 所示。

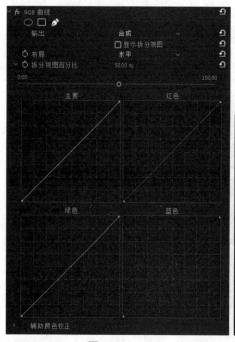

图 4-29

图 4-30

四、"自动校色"效果

在 Premiere Pro 中有几个简单实用的调色效果，包含有对素材画面的对比度、亮度和颜色进行自动校正的"自动对比度""自动色阶"和"自动颜色"效果,位于"效果"面板的"过时"效果组之下。如图 4-31 所示,视频素材的画面看上去较暗并且有偏色现象,图 4-32 分别为添加"自动对比度""自动色阶"和"自动颜色"后的效果,另外,当一种效果不满意时也可以同时应用其他不同的效果。

图 4-31

图 4-32

五、"亮度校正器"效果

"亮度校正器"效果是针对视频画面的明暗关系进行调整。该效果的选项与"快速颜色校正器"效果部分相同。其中,"亮度"和"对比度"选项是该效果特有的,如图 4-33 所示。添加效果后的拆分图,如图 4-34 所示。

图 4-33　　　　　　　　　　　　　　　　图 4-34

六、"亮度曲线"效果

"亮度曲线"效果能够针对 256 个色阶调整阴影、中间调和高光的亮度、对比度。通过使用"辅助颜色校正"控件，还可以指定要校正的颜色范围，如图 4-35 所示。该效果的调节方法是在"亮度波形"方格中，向上单击并拖动曲线以提高画面亮度，向下单击并拖动曲线以降低画面亮度。如果同时调节，能够加强画面对比度。添加效果后的拆分图，如图 4-36 所示。

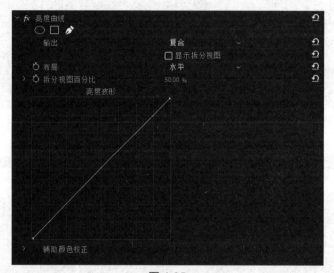

图 4-35

图 4-36

七、"阴影／高光"效果

"阴影／高光"效果主要针对画面的阴影或高光区域，使局部相邻像素的亮度提高或降低,从而达到加强或弱化画面对比的目的,如图 4-37 所示。该效果主要通过"阴影数量"和"高光数量"等选项来调整视频的对比效果。"阴影数量"的数量值越大,画面暗部区域变得越亮;"高光数量"的数量值越小,亮部区域变得越暗。"与原始图像混合"选项的作用类似于为处理后的画面设置不透明度,从而将其与原始画面叠加后形成最终效果。"更多选项"为一个选项组,其中包括阴影 / 高光色调宽度、阴影 / 高光半径、中间调对比度等各种选项。通过这些选项的设置,可以改变阴影区域的调整范围。添加效果后的对比效果,如图 4-38 所示。

图 4-37

图 4-38

技能点四　通过"Lumetri 颜色"面板调整视频色调

　　Premiere Pro 最强大的颜色校正工具位于"效果"面板上的"颜色校正"文件夹中,如图 4-39 所示,可以使用这些特效来微调视频中的色度和亮度。其中,校正颜色所需要的最精确、最快捷的选项都集中在"Lumetri 颜色"面板中,如图 4-40 所示。

图 4-39

图 4-40

"Lumetri 颜色"面板提供了专业质量的颜色分级和颜色校正工具。其中,"基本校正"面板主要用来修正颜色,"创意""曲线""色轮和匹配""HSL 辅助"和"晕影"这 5 个面板主要用来做风格化调色。在调色时,通常还需要"Lumetri 范围"面板来辅助,它可对影片的亮度和色度进行分析并显示为波形,为调色和校色工作提供了非常重要的参考。

一、"基本校正"面板

使用"基本校正"面板上的控件,可以修正过暗或过亮的视频,在剪辑中调整色相(颜色或色度)和明亮度(曝光度和对比度),如图 4-41 所示。

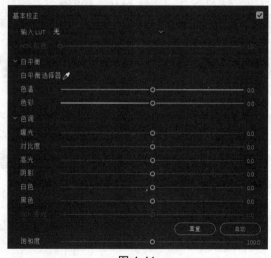

图 4-41

●【输入 LUT】：可以使用 LUT（Look-Up-Table，颜色查询表的简称）作为起点为素材进行分级，然后使用其他颜色控件进一步分级。"输入 LUT"一般使用来校正 LOG、HLG 格式拍摄的灰片素材。

●【白平衡】：视频的白平衡反映拍摄视频时的采光条件。调整白平衡可有效改进视频画面中的色温。

●【色调】：使用不同的色调控件，调整视频剪辑的色调等级。可以配合"Lumetri 范围"面板中不同的示波器，一边观察一边调整颜色。

二、"创意"面板

通过"创意"面板可以轻松应用 Premiere Pro 所提供的多种预设调色方案，以及调整自然饱和度和饱和度等其他参数，从而精确、快速地对视频素材进行色彩调整，如图 4-42 所示。

图 4-42

●【Look】："Look"提供了许多 Premiere Pro 预设的调色方案，类似滤镜的效果。用户可以直接选择某种方案进行整体调色，然后再利用其他颜色控件进一步调整。除此之外，Premiere Pro 还在"效果"面板的"Lumetri 预设"文件夹中提供了各种预设的调色方案。

●【强度】：调整应用的预设方案的强度。

●【调整】："淡化胶片"常用于实现怀旧风格；"锐化"用于调整边缘清晰度，正值增加边缘清晰度，负值减小边缘清晰度；"自然饱和度"可以防止肤色的饱和度变得过高；使用"阴影色彩"轮和"高光色彩"轮，调整阴影和高光中的色彩值（空心轮表示未应用任何内容）；"色彩平衡"用来平衡剪辑中多余的洋红色或绿色。

三、"曲线"面板

借助"曲线"面板可以调整视频的亮度和色调范围,如图 4-43 所示。主曲线控制整体亮度,还可以选择针对红色、绿色或蓝色通道选择性地调整色调值。

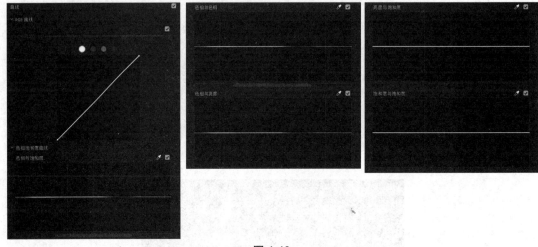

图 4-43

- ●【色相与饱和度】:选择色相范围并调整其饱和度水平。
- ●【色相与色相】:选择色相范围并将其更改至另一色相。
- ●【色相与亮度】:选择色相范围并调整其亮度。
- ●【亮度与饱和度】:选择亮度范围并调整其饱和度。
- ●【饱和度与饱和度】:选择饱和度范围并提高或降低其饱和度。

注意事项:

(1)按下"Shift"键可将 X 处的控制点锁定,使其只能上下移动。

(2)要删除控制点,按"Ctrl"键并单击控制点。

(3)默认情况下,吸管工具会对 5 像素 ×5 像素的区域进行采样,并取选定颜色的平均值。在按下"Ctrl"键的同时使用吸管工具,可对更大的像素区域(10 像素 ×10 像素)进行采样。

四、"色轮和匹配"面板

在"色轮和匹配"面板中,"颜色匹配"控件可以对不同光照条件下拍摄的各个镜头进行处理,使视频素材看起来像是在同一场景中拍摄的剪辑,从而让剪辑转场更加协调;也可用于模仿别的视频的色彩风格进行"追色"。"色轮"是类似于"三向颜色校正器"的效果控件。通过三个色轮分别控制中间调、阴影、高光的颜色(色相和饱和度)及亮度,如图 4-44 所示。

图 4-44

五、"HSL 辅助"面板

"HSL 辅助"是一个二级调色工具，是局部调色的利器。控件内的上下顺序反映了基本处理流程：首先通过"键"来选择区域并设置遮罩，然后通过"优化"来调整遮罩边缘，最后通过"更正"来调色，如图 4-45 所示。

图 4-45

六、"晕影"面板

应用"晕影"可以实现边缘逐渐淡出、中心处明亮的视觉效果。"晕影"控件可以控制边缘的大小、形状以及变亮或变暗,如图 4-46 所示。

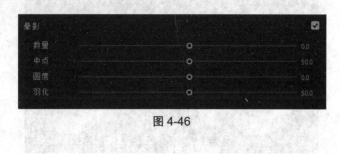

图 4-46

拓展演练——青橙色调视频制作

1)执行"文件→新建→项目"命令,在"新建项目"对话框中设置项目的存储位置和文件名,然后单击"确定"按钮,如图 4-47 所示;在项目面板中单击"新建项"按钮,然后选择"序列",在打开的"新建序列"对话框中单击"设置"面板,设置序列帧速率为"25.00 帧 /秒",画面大小为 3840×2160,像素长宽比为"方形像素(1.0)",场为"无场(逐行扫描)",其他保持默认设置,单击"确定"按钮,创建一个序列,如图 4-48 所示。

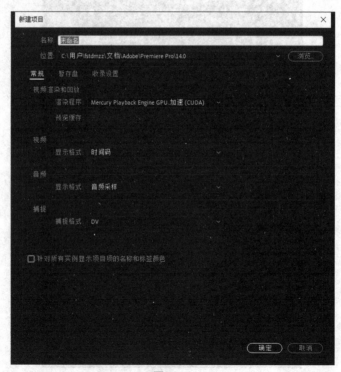

图 4-47

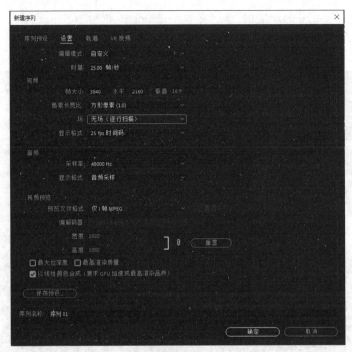

图 4-48

2）执行"文件→导入"命令，将素材"4.1.mp4"导入"项目"面板，并拖曳到"时间轴"面板中，如图 4-49 所示。

图 4-49

3）执行"项目面板→新建项→调整图层"命令，弹出"调整图层"对话框后，无须修改参数，直接单击"确定"按钮，将新创建的调整图层拖曳到"时间轴"面板视频素材的上方，并将时间长度与视频素材对齐，如图 4-50 所示。

图 4-50

4）执行"窗口→ Lumetri 范围"和"窗口→ Lumetri 颜色"命令，调出"Lumetri 范围"面板和"Lumetri 颜色"面板，如图 4-51 所示。

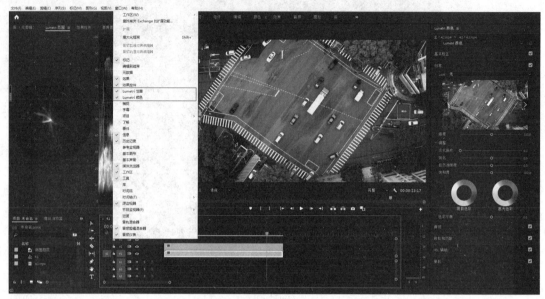

图 4-51

5）保持调整图层的选中状态，在"节目监视器"面板观察发现，画面看上去灰蒙蒙的，显得清晰度不够，在"Lumetri 颜色"面板中，单击"基本矫正"命令，在展开的选项面板中调整"色温"数值为"16"；"色彩"数值为"-10"，"对比度"参数为"28"，"高光"参数为"-19"，"阴影"参数为"-10"，"白色"参数为"7"，"黑色"参数为"-18"，如图 4-52 所示。需要注意的是，在调整颜色的过程中应该随时观察"Lumetri 范围"面板中"波形"的阈值，使其数值大小基本保持在"0~100"的范围区间，以免过曝或过暗。

图 4-52

6）在"Lumetri 颜色"面板中，单击"色轮和匹配"命令，在展开的选项面板中调整"高光"和"阴影"选项的位置，一般来说，青橙色调在高光位置添加橙色或黄色，所以将"高光"选项的位置向橙色或黄色拖曳；在阴影位置添加高光的互补色，也就是青色或蓝色，所以将

"阴影"选项的位置向青色或蓝色拖曳,"中间调"选项也可向橙黄色调拖曳一点,效果如图4-53所示。

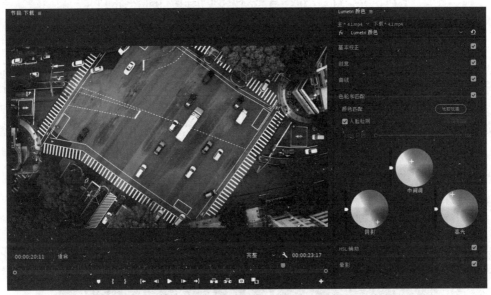

图 4-53

7)整体色调大致调整完毕后,可以继续对画面色调进行微调,在"Lumetri 颜色"面板中单击"曲线"命令,在"色相与饱和度"面板提高整条直线可以将画面的整体饱和度加强,如果想要局部调色,可以利用吸管工具在"节目监视器"面板中吸取一下绿色区域,此时"色相饱和度曲线"命令的"色相与饱和度"面板会出现 3 个点,将中间点的位置提高,可以把画面中绿色色调的饱和度加强,若想加强或减弱其他色调也可按上述方法执行,最终效果如图4-54 所示。吸管工具旁的复选框勾选与否,可以辅助观察该效果实施前和实施后的对比。

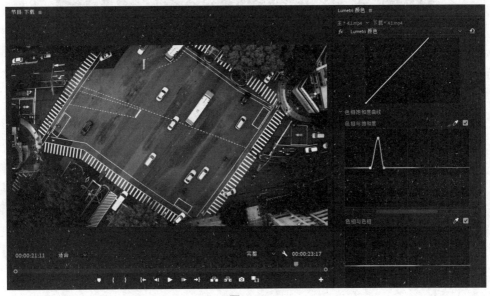

图 4-54

技能点五　旅拍短视频后期调色制作

1）执行"文件→新建→项目"命令，在"新建项目"对话框中设置项目的存储位置和文件名，然后单击"确定"按钮，如图 4-55 所示。在项目面板中单击"新建项"█按钮，在打开的"新建序列"对话框中单击"设置"，在新的编辑窗口中选择"编辑模式"为"自定义"，将视频的"帧大小"设置为 1280×720，"像素长宽比"选择"方形像素（1.0）"，"场"选择"无场（逐行扫描）"，最后再为序列设置好名称，单击"确定"按钮即可，如图 4-56 所示。

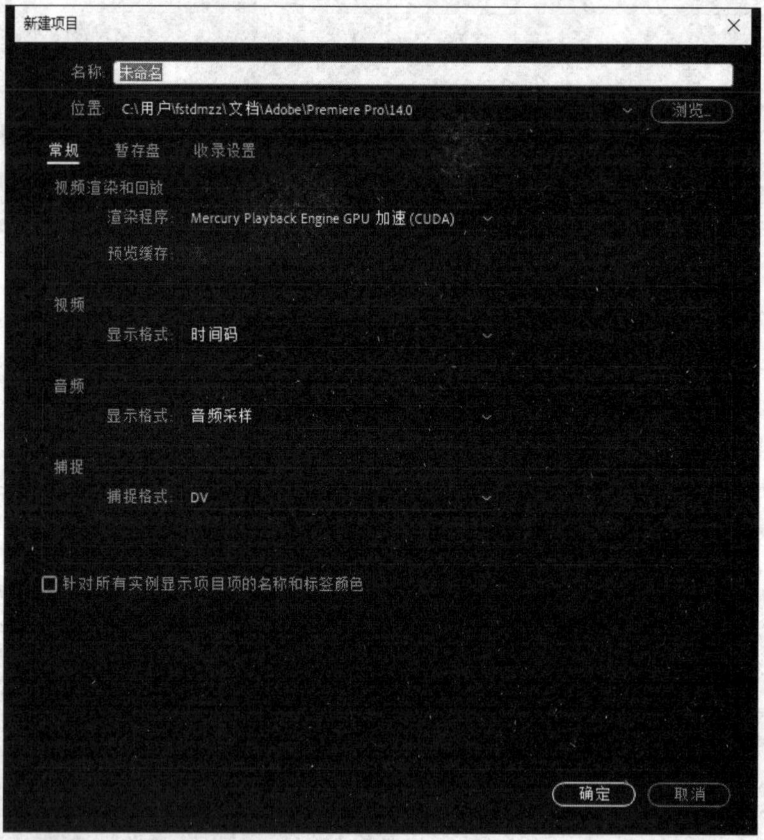

图 4-55

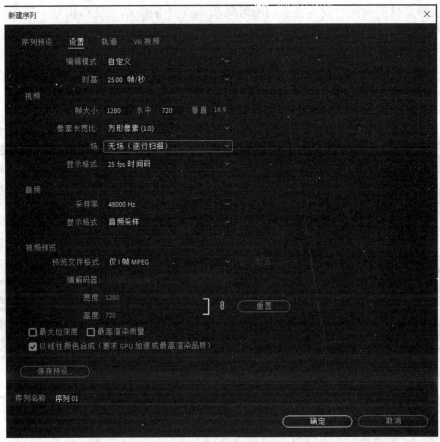

图 4-56

2）执行"文件→导入"命令，导入"素材"文件夹中的 21 个视频素材以及音频素材"背景音乐 .mp3"到"项目"面板。按名称顺序拖曳所有视频素材到"视频 1"轨道，然后再将音频素材拖曳到"音频 1"轨道，如图 4-57 所示。

图 4-57

3）视频素材由不同的设备在不同的时间和地点拍摄而成，想要剪辑到一起就必须对素材进行色彩调整和校正，使所有视频素材的曝光、白平衡、饱和度、色彩等基本元素趋于相近或相同。在进行颜色调整时可使用"Lumetri 颜色"面板配合"Lumetri 范围"面板共同完成。首先选择视频素材"01.mp4"，将时间指示器移动到其入点位置，观察"Lumetri 范围"面板发现波形主要集中在中下部，画面对比较弱，整体发灰，并且暗部的数值低于"0"，亮部的数值超过了"100"，如图 4-58 所示。

图 4-58

4）根据观察结果，在"Lumetri 颜色"面板中打开"基本矫正"控件，修改"曝光"参数为"0.5"，"对比度"参数为"95"，"高光"参数为"79"，"阴影"参数为"44"，"白色"参数为"-69"，"黑色"参数为"5"，如图 4-59 所示。

图 4-59

5）将时间指示器移动到视频素材"02.mp4"的入点位置，观察"Lumetri 范围"中的波形发现画面色调偏蓝，需要进行校正，如图 4-60 所示。

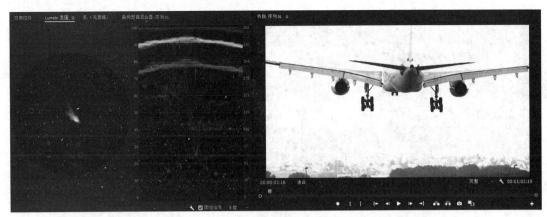

图 4-60

6）在"Lumetri 颜色"面板中打开"色轮与匹配"控件，单击"比较视图"按钮，将"参考"画面的时间轴移动到素材"01.mp4"的时间范围内，单击"应用匹配"按钮，视频素材"02.mp4"将自动与素材"01.mp4"的画面色彩进行匹配，然后使用三个色轮微调细节，如图 4-61所示。

图 4-61

7）可采用与上一步相同的方法，使用"色轮与匹配"控件匹配视频素材"03.mp4""04.mp4""05.mp4"与素材"01.mp4"的颜色，细节部分的微调可以使用色轮以及"基本校正"控件调整，如图 4-62 至图 4-64 所示。

图 4-62

图 4-63

图 4-64

8）将时间指示器移动到视频素材"06.mp4"的入点位置，观察发现画面色调偏青，在"Lumetri 范围"中查看发现波形主要集中在中间区域，导致对比较弱，有种灰蒙蒙的感觉，如图 4-65 所示。

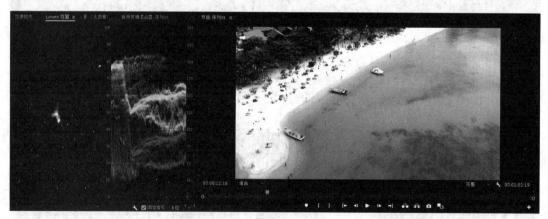

图 4-65

9）在"Lumetri 颜色"面板中打开"基本矫正"控件，修改"曝光"参数为"0.9"，"高光"参数为"-17"，"阴影"参数为"-17"，"白色"参数为"-7"，"黑色"参数为"24"，饱和度为"147"，如图 4-66 所示。

图 4-66

10）在"Lumetri 颜色"面板中打开"色轮与匹配"控件调整偏色，分别调整中间调、阴影和高光的色轮，效果如图 4-67 所示。

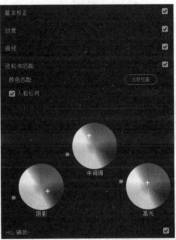

图 4-67

11）将时间指示器移动到视频素材"07.mp4"的入点位置，观察发现画面明暗对比过于强烈，尤其是画面暗部完全看不清楚细节。这种情况可以通过"Lumetri 颜色"面板中的"基本矫正"控件进行调整，修改"曝光"参数为"-0.1"，"对比度"参数为"11"，"高光"参数为"-68"，"阴影"参数为"91"，"黑色"参数为"3"，饱和度为"120"，如图 4-68 所示。

12）在"Lumetri 颜色"面板中打开"曲线"控件调整偏色，分别调整红色通道与蓝色通道曲线，效果如图 4-69 所示。

图 4-68

图 4-69

13）将时间指示器移动到视频素材"08.mp4"的入点位置，由于素材"07.mp4"和素材"08.mp4"有前后衔接关系，所以需要进行更加细致的色调匹配。在"Lumetri 颜色"面板中打开"色轮与匹配"控件，单击"比较视图"按钮，将"参考"画面的时间轴移动到素材"07.mp4"的时间范围内，单击"应用匹配"按钮，素材"08.mp4"将自动与素材"07.mp4"的画面色彩进行匹配，然后可以使用三个色轮继续微调细节，如图 4-70 所示。

图 4-70

14）执行色彩匹配后，素材"08.mp4"与素材"07.mp4"天空部分的色彩还是稍有差异，在"Lumetri 颜色"面板中打开"HSL 辅助"控件。首先，使用"吸管工具"在素材"08.mp4"的天空部分吸取蓝色；接着，勾选"彩色 / 灰色"复选项，吸管工具选中的部分将以彩色显示，未选中部分以灰色显示；通过调整"HSL"参数的三角标调整选择范围，直到将天空部分的蓝色全部选中，如图 4-71 所示。

图 4-71

15）选中素材"08.mp4"天空的全部蓝色后，在"HSL 辅助"控件的"更正"选项中可单独调整选取的颜色。以素材"07.mp4"天空颜色作为参照，调整色轮等各项参数，最后取消勾选"彩色 / 灰色"复选项，观察调整结果，效果如图 4-72 所示。

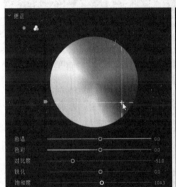

图 4-72

16）将时间指示器移动到素材"09.mp4"的入点位置，观察发现该人物肤色有偏色现象，在"Lumetri 颜色"面板中打开"色轮与匹配"控件，保持"比较视图"的激活状态，可将参考画面的时间轴移动到"素材 04"的范围内，对人物肤色进行对照调整，如图 4-73 所示。

17）分别将时间指示器移动到素材"10.mp4"和素材"11.mp4"的入点位置，观察发现整体画面整体偏青，可使用"色轮与匹配"控件的三个色轮进行颜色校正，如图 4-74 和图 4-75 所示。

图 4-73

图 4-74

图 4-75

18）将时间指示器移动到素材"13.mp4"的入点位置，观察发现该画面整体偏暗偏灰，需要加强亮度和对比度。首先可以使用"Lumetri 颜色"面板中的"基本矫正"控件进行调整，修改"曝光"参数为"1.4"，"对比度"参数为"-34.0"，"高光"参数为"-85.0"，"阴影"参数为"-84.0"，"白色"参数为"1.1"，"黑色"参数为"-2"，饱和度为"150.0"，然后打开"色轮和匹配"控件，调整色轮，效果如图 4-76 所示。

图 4-76

19）将时间指示器移动到视频素材"14.mp4"的入点位置，观察发现该画面整体明暗对比过于强烈，需要加强亮度，减少对比度。可选择"Lumetri 颜色"面板中的"基本矫正"控件进行调整，修改"曝光"参数为"1.8"，"对比度"参数为"-100.0"，"高光"参数为"-85.0"，"阴影"参数为"60.0"，饱和度为"105.0"，如图 4-77 所示。

图 4-77

20）将时间指示器移动到视频素材"14.mp4"的入点位置，观察发现该画面整体偏暗，可选择"Lumetri 颜色"面板中的"基本矫正"控件进行调整，修改"曝光"参数为"-0.2"，"对比度"参数为"-23.0"，"高光"参数为"87.0"，"阴影"参数为"16.0"，"白色"为"-5.0"，如图4-78 所示。

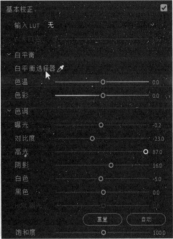

图 4-78

21）将时间指示器移动到视频素材"15.mp4"的入点位置，为了承接上一个镜头，需要调整画面色调，可选择"Lumetri 颜色"面板中的"色轮和匹配"控件进行调整，单击"比较视图"按钮，将"参考"画面的时间轴移动到素材"15.mp4"的时间范围内，对画面色调进行对照调整，如图 4-79 所示。

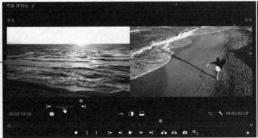

图 4-79

22）依次将时间指示器移动到素材"16.mp4"和素材"17.mp4"的入点位置，发现同样需要调整画面色调，保持参考画面在素材"15.mp4"的时间轴范围内，单击"应用匹配"按钮，色调自动匹配完毕后，可以使用三个色轮进行微调，如图 4-80 和图 4-81 所示。

图 4-80

图 4-81

23）将时间指示器移动到视频素材"19.mp4"的入点位置，观察发现该画面整体偏暖，首先选择"Lumetri 颜色"面板中的"基本矫正"控件进行调整，修改"色温"参数为"-12.0"，"曝光"参数为"0.5"，"对比度"参数为"100.0"，"高光"参数为"-35.0"，"阴影"参数为"-79.0"，"白色"参数为"-24.0"，"饱和度"参数为"195.0"；然后打开"色轮和匹配"控件进行微调，如图 4-82 所示。

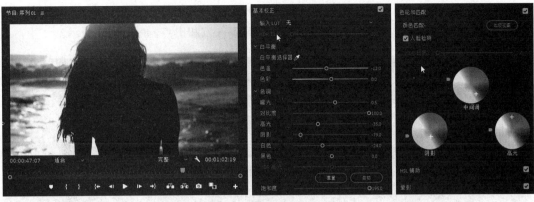

图 4-82

24）依次将时间指示器移动到素材"20.mp4"和素材"21.mp4"的入点位置，观察发现画面也存在整体偏暖的问题，选择"Lumetri 颜色"面板中的"色轮和匹配"控件，通过三个色轮进行色调调整，如图 4-83 和图 4-84 所示。

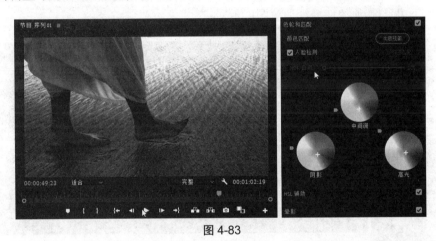

图 4-83

图 4-84

25）视频素材完成色彩调整和校正后，可以为其添加统一的风格化效果，类似在"项目"

面板中单击"新建项"按钮,执行"调整图层"命令,将创建好的调整图层拖曳到"时间轴"面板的"视频 2"轨道上,并和"视频 1"轨道的素材对齐入点和出点,如图 4-85 所示。

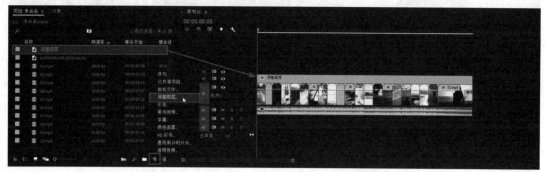

图 4-85

26)选择调整图层,在"Lumetri 颜色"面板中打开"创意"控件,在"look"选项中选择合适的风格效果,为视频添加类似滤镜的效果,如图 4-86 所示。添加完毕后还可以通过"Lumetri 颜色"面板的其他控件继续调整图层色彩。

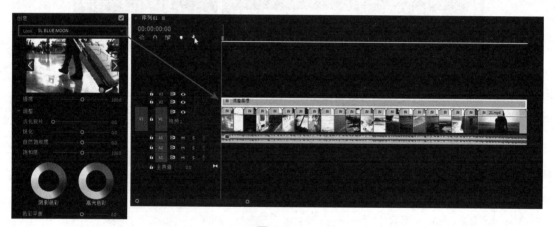

图 4-86

27)视频色彩调整完成后,可在素材间添加一些转场特效,在"效果"面板中的"视频过渡"文件夹中选择合适的过渡效果,拖曳到时间轴"视频 1"轨道的素材之间,如图 4-87 所示。

28)最后,为视频添加开场字幕。在菜单栏中执行"文件→新建→旧版标题(T...)"命令(如图 4-88 所示),打开"新建字幕"对话框,用户可在弹出的对话框中为字幕重新命名,也可以使用默认名称,设置完成后单击"确定"按钮,如图 4-89 所示。

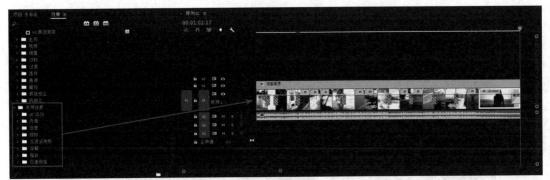

图 4-87

文件(F)　编辑(E)　剪辑(C)　序列(S)　标记(M)　图形(G)　视图(V)　窗口(W)　帮助(H)

新建(N)	>		项目(P)...	Ctrl+Alt+N
打开项目(O)...	Ctrl+O		团队项目...	
打开团队项目...			序列(S)...	Ctrl+N
打开最近使用的内容(E)	>		来自剪辑的序列	
转换 Premiere Clip 项目(C)...			素材箱(B)	Ctrl+/
			搜索素材箱	
关闭(C)	Ctrl+W		已共享项目	
关闭项目(P)	Ctrl+Shift+W		链接的团队项目...	
关闭所有项目			脱机文件(O)...	
刷新所有项目			调整图层(A)...	
保存(S)	Ctrl+S		旧版标题(T)...	
另存为(A)...	Ctrl+Shift+S		Photoshop 文件(H)...	
保存副本(Y)...	Ctrl+Alt+S			
全部保存			彩条...	
还原(R)			黑场视频...	
			字幕...	
同步设置	>		颜色遮罩...	
			HD 彩条...	
捕捉(T)...	F5		通用倒计时片头...	
批量捕捉(B)...	F6		透明视频...	
链接媒体(L)...				

图 4-88

新建字幕　　　　　　　　　　　　　　　×

视 频 设 置

宽度：1280　　　　高度：720

时基：24.00 fps　　　　　　∨

像素长宽比：方形像素 (1.0)　　　　∨

名称：字幕 01

确定　　　　取消

图 4-89

29）单击"确定"按钮后即可打开字幕窗口，键入标题文字，并为其设置字体样式、大小、颜色等各项参数，如图 4-90 所示。

图 4-90

30）关闭字幕窗口，将创建好的字幕对象拖曳到时间轴上，并将其入点与出点与"视频1"轨道的素材"01.mp4"对齐，如图 4-91 所示。

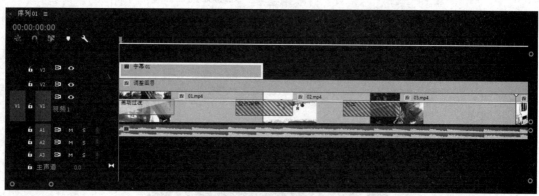

图 4-91

31）在"效果"面板搜索"交叉缩放"，并将该效果拖曳到字幕对象的出点和入点，如图4-92 所示。

图 4-92

32）短视频制作完毕，播放视频检验效果并导出文件，如图 4-93 所示。

图 4-93

一、选择题

1. 要想制作灰度的视频效果，可以通过 Premiere Pro 中"图像控制"效果组中的"颜色过滤"与（　　　）效果来实现。

A. 灰度系数校正　　　B. 颜色平衡　　　　　C. 颜色替换　　　　　D. 黑白

2.（　　　）效果能够将画面中的某个颜色替换为其他颜色，而画面中的其他颜色不发生变化。

A. 灰度系数校正　　　B. 颜色平衡　　　　　C. 颜色替换　　　　　D. 黑白

3.（　　　）效果可针对阴影、中间调和高光调整画面的色相、饱和度和明度，从而进行精细校正。

A. 图像控制　　　　B. 三相颜色校正器　　C. 快速颜色校正器　　D. 自动校色效果

4."RGB 曲线"效果针对每个颜色通道使用曲线来调整剪辑的颜色。每条曲线允许在整个图像的色调范围内设置（　　　）个不同的点。

A.10　　　　　　　　B.16　　　　　　　　C.20　　　　　　　　D.26

5."亮度曲线"效果能够针对（　　　）色阶调整阴影、中间调和高光的亮度和对比度。

A.3 个　　　　　　　B.12 个　　　　　　　C.24 个　　　　　　　D.256 个

二、简答题

1. 简述 5 种后期调色的色彩搭配方案。

2. 简述"Lumetri 颜色"面板由哪些控件组成。

三、操作题

根据本项目所学知识,结合"课后练习"文件夹中提供的素材,独立完成 vlog(rideo blog,视频博客)的策划、拍摄以及制作工作。

项目五　制作动态字幕

　　字幕在影视后期制作中具有特殊的地位,是传递信息最高效的手段之一。电影、电视剧、新闻、广告、宣传片或短视频,都离不开字幕。作为专业的视频制作软件,Premiere Pro 中也包括了字幕的制作和处理。本项目旨在通过多种字幕效果的后期制作,讲解 Premiere Pro 中制作字幕的技术与方法,在任务实现过程中做到以下几点:

- 掌握 Premiere Pro 字幕工具的使用方法;
- 掌握文字书写效果的制作方法;
- 掌握文字遮罩效果的制作方法;
- 掌握片尾字幕滚动效果的制作方法;
- 掌握文字扫光效果的制作方法;
- 掌握文字水波效果的制作方法;
- 掌握文字 3D 旋转效果的制作方法;

　　在各种影视作品中,字幕是不可缺少的,能够帮助观众更好地理解作品的含义。Premiere Pro 的字幕设计提供了制作视频作品所需的所有字幕特性,用户不仅能够创建文字和图形,还可以通过游动或滚动文字来制作动画效果。本项目以多个动态字幕效果的制作为载体,带领读者快速入门视频剪辑制作。

技能点一　Premiere Pro 中的字幕工具简介

一、使用"旧版标题"窗口创建字幕

在 Premiere Pro 中,想要精确创建字幕可以通过"旧版标题"窗口来完成。"旧版标题"窗口会建立一个独立的文件,创建字幕对象后,只有把字幕文件加入序列的视频轨道中才能真正成为视频剪辑的一部分。字幕的制作主要是在字幕窗口中进行的,具体操作步骤如下。

1)在菜单栏中执行"文件→新建→旧版标题"命令,如图 5-1 所示。

2)执行完该操作后即可打开"新建字幕"对话框,用户可在弹出的对话框中为字幕重新命名,也可以使用默认名称,设置完成后单击"确定"按钮,如图 5-2 所示。

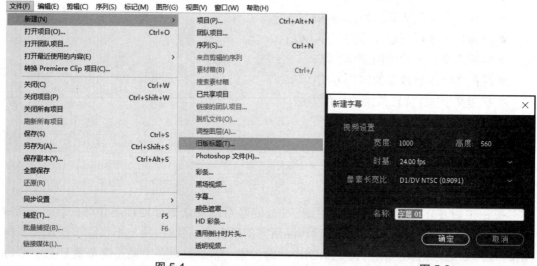

图 5-1　　　　　　　　　　　　　　　　　　　　图 5-2

3)单击"确定"按钮后即可打开字幕窗口,如图 5-3 所示,用户可在该窗口中进行操作,以便制作出更好的效果。

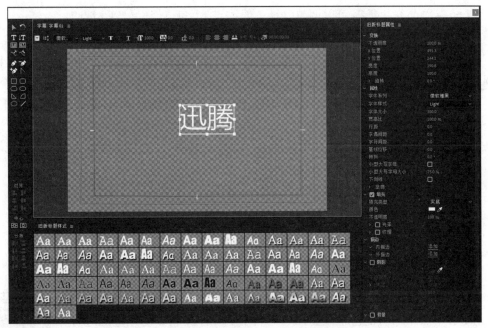

图 5-3

二、"旧版标题"窗口各个功能属性

1."字幕工具"面板

"字幕工具"面板内放置着制作和编辑字幕时所要用到的工具。利用这些工具,用户不仅可以在字幕内加入文本,还可以绘制简单的几何图形,如图 5-4 所示。该面板各项参数介绍如下。

●【选择工具】 :利用该工具,只需在字幕面板内单击文本或图形,即可选择这些对象。选中对象后,所选对象的周围将会出现变换框,按住"Shift"键还可以加选多个对象。

●【旋转工具】 :用于对文本进行旋转操作。

●【水平文字工具】 :该工具用于创建并编辑水平方向上的文字。

●【垂直文字工具】 :该工具用于创建并编辑垂直方向上的文字。

●【水平区域文字工具】 :用于在水平方向上建立段落文本。

●【垂直区域文字工具】 :用于在垂直方向上建立段落文本。

●【垂直路径文字工具】 :使用工具可以建立一段垂直于弯曲路径的文本。

●【平行路径文字工具】 :使用工具可以建立一段平行于弯曲路径的文本。

图 5-4

●【钢笔工具】 :用于创建和调整路径。

●【删除锚点工具】 :可以减少路径上的锚点,常与"钢笔工具"结合使用。

●【添加锚点工具】 :可以增加路径上的锚点,常与"钢笔工具"结合使用。

●【转换锚点工具】█◣:可以调整路径上的锚点是"角点"还是"平滑点"。

●【矩形工具】▢:用于绘制矩形图形,配合"Shift"键使用时可以绘制正方形图形。

　●【圆角矩形工具】▢:用于绘制圆角矩形,配合"Shift"键使用时可以绘制出长宽相等的圆角矩形。

　●【切角矩形工具】◻:用于绘制八边形,配合"Shift"键使用时可以绘制出正八边形。

　●【圆角矩形工具】◻:用于绘制类似于胶囊的图形,所绘制的图形与上一个"圆角矩形工具"绘制出的图形差别在于此圆角矩形只有 2 条直线边,上一个圆角矩形有 4 条直线边。

●【楔形工具】◸:用于绘制三角形对象。

●【弧形工具】◢:用于绘制封闭的弧形对象。

●【椭圆工具】◯:用于绘制椭圆。

●【直线工具】╱:用于绘制直线。

2."动作工具"面板

"动作工具"面板在对齐或排列所选对象时使用,如图 5-5 所示。各项参数介绍如下。

●【左对齐】▐:所选对象以最左侧对象的左边线为基准进行对齐。

　●【水平居中对齐】▮:所选对象以中间对象的水平中线为基准进行对齐。

●【右对齐】▐:所选对象以最右侧对象的右边线为基准进行对齐。

●【顶对齐】▛:所选对象以最上线为基准进行对齐。

　●【垂直居中对齐】▮:所选对象以中间对象的垂直中线为基准进行对齐。

●【底对齐】▙:所选对象以最下方对象的底边线为基准进行对齐。

●【水平居中】▣:在垂直方向上,与视频画面的水平中心保持一致。

●【垂直居中】▣:在水平方向上,与视频画面的垂直中心保持一致。

　●【按左分布】▋:以对象的左边线为界,使相邻对象左边线的间距保持一致。

图 5-5

　●【水平居中分布】▮:以对象的垂直中心线为界,使相邻对象中心线的间距保持一致。

●【按右分布】▐:以对象的右边线为界,使相邻对象右边线的间距保持一致。

●【水平等距间隔】▮:使相邻对象的垂直间距保持一致。

●【按顶分布】▀:以对象的顶边线为界,使相邻对象顶边线的间距保持致。

●【垂直居中分布】▤:以对象的水平中心线为界,使相邻对象中心线的间距保持一致。

●【按底分布】▄:以对象的底边线为界,使相邻对象底边线的间距保持一致。

●【垂直等距间隔】▤:使相邻对象水平间距保持一致。

需要注意的是,至少应选择 2 个对象后,"对齐"选项组内的工具才会被激活,而"分布"选项组内的工具至少要选择 3 个对象后才会被激活。

3."字幕样式"面板

"字幕样式"面板存放着 Premiere Pro 内的各种预置字幕样式。在创建字幕内容后,利用这些字幕样式,即可快速生成各种精美的字幕效果,如图 5-6 所示。

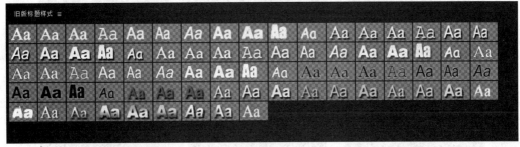

图 5-6

4. 字幕类型

在 Premiere Pro 中,字幕分为 3 种类型,即静态字幕、滚动字幕和游动字幕,创建字幕后单击"滚动 / 游动选项"按钮▨,打开窗口后,可以在这 3 种字幕类型之间进行选择,如图 5-7 所示。

图 5-7

（1）静止图像

静止图像是指在默认状态下停留在画面中指定位置不动的字幕,如果想要使默认静态字幕产生移动效果,可以在"效果控件"面板中创建位移、缩放、旋转、不透明度等关键帧动画。

（2）滚动

滚动字幕在被创建之后,其默认的状态是在画面中从上到下垂直运动,运动速度取决于该字幕文件持续时间的长度。滚动字幕是不需要设置关键帧动画的,生成后会自动产生动态效果。

（3）向左 / 向右游动

游动字幕在被创建之后,其默认状态是沿画面水平方向运动。运动方向可以从左至右,也可以从右至左,运动速度取决于该字幕文件持续时间的长短,游动字幕同样不需要设置关键帧动画,生成后会自动产生动态效果。

5. "字幕属性"面板

与字幕对象属性相关的选项都放置在"字幕属性"面板中,利用该面板内的各种选项,不仅可以对字幕的位置、外观等基本属性进行调整,还可以为其添加描边与阴影等效果,如图 5-8 所示。

图 5-8

三、使用"文字"工具创建字幕

在 Premiere Pro 中,除了可以使用"旧版标题"窗口创建文字外,还可以使用"文字工具"创建字幕。具体操作步骤如下。

1)在工具箱中选择"文字工具"后,在"节目监视器"面板中单击并输入内容,或拖曳文本框以创建单行文字或段落文本。

2)创建好字幕对象后,其会在"时间轴"面板中自动生成。如果想要修改字幕的属性,可以选择该对象,在"效果控件"面板的"文本"选项中调整各个参数,例如字体、大小、颜色、描边以及位置、缩放、旋转、不透明度等,如图 5-9 所示。

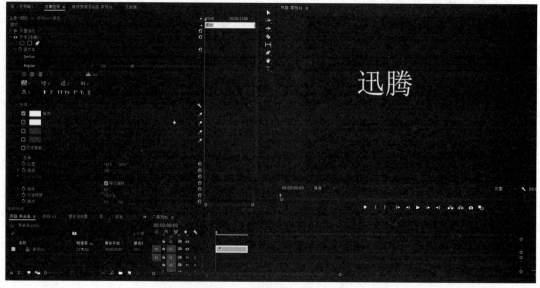

图 5-9

四、使用"字幕"命令创建字幕

在 Premiere Pro 中,除了可以使用"旧版标题"窗口和"文字工具"创建字幕之外,还可以通过"字幕"命令创建字幕。具体操作步骤如下。

1)执行"文件→新建→字幕"命令,或者在"项目"面板中选择"新建项"→"字幕",即可打开"新建字幕"对话框,在"标准"选项中选择"开放式字幕",按照序列属性设置"时基""视频设置"参数,"像素长宽比"选择"方形像素(1.0)",单击"确定"按钮,如图 5-10 所示。

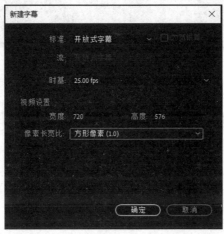

图 5-10

2)将"项目"面板中刚创建好的字幕对象拖曳到"时间轴"面板的轨道上,此时"节目监视器"面板上即可显示出新建的文字对象,如图 5-11 所示。

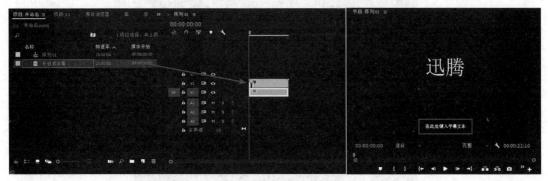

图 5-11

3)在"时间轴"面板双击文字对象即可打开"字幕"面板,在该面板中可以编辑字幕内容并为其设置字体、大小、颜色等属性,以及字幕的入点、出点,如图 5-12 所示。

图 5-12

技能点二　文字书写效果制作

1）选择"文件"→"新建"→"项目"，在"新建项目"对话框中设置项目的存储位置和文件名，然后单击"确定"按钮，如图 5-13 所示。

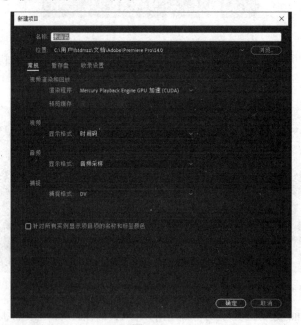

图 5-13

2）单击"新建项" █ 按钮，在打开的"新建序列"对话框中选择"设置"，切换面板后，"编辑模式"选择"自定义"，将视频的"帧大小"设置为 1920×1080，"像素长宽比"选择"方形像素（1.0）"，"场"选择"无场（逐行扫描）"，再为其设置好名称后单击"确定"按钮即可，如图 5-14 所示。

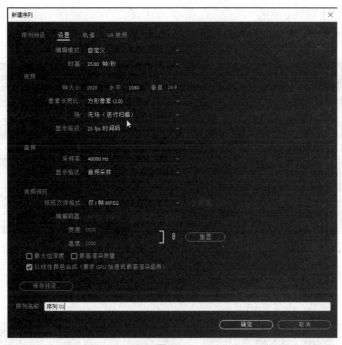

图 5-14

3）选择"文件"→"导入"，将视频素材"5.1.mp4"导入"项目"面板中，并将其拖曳到"时间轴"面板上，如图 5-15 所示。

图 5-15

4）制作一个帷幕拉开的开场效果，在"效果"面板中搜索"裁剪"，将效果拖到视频素材上，如图 5-16 所示。

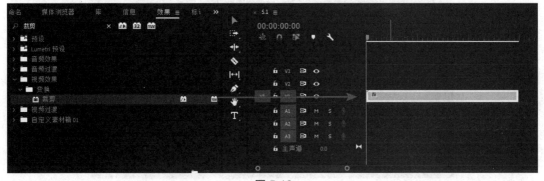

图 5-16

5）在"效果控件"面板下的"裁剪"选项中，将"顶部"和"底部"的数值改为"50.0%"，单击"顶部"和"底部"选项前的秒表图标 [图标] 添加两个关键帧，如图 5-17 所示。

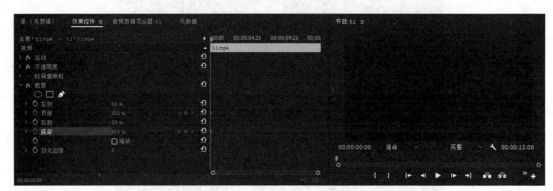

图 5-17

6）在"时间轴"面板中将"时间指示器"移动到帷幕拉开的位置 00:00:03:00，将"顶部"的数值和"底部"的数值都改为"12.0%"，如图 5-18 所示。

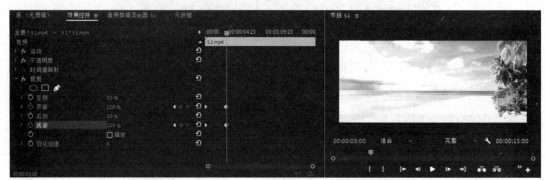

图 5-18

7）在"效果控件"面板中依次框选视频素材入点处和 00:00:03:00 处的两个关键帧，分别单击鼠标右键，执行"缓入"和"缓出"命令，此时帷幕拉开的效果就制作完成了，如图 5-19 和图 5-20 所示。

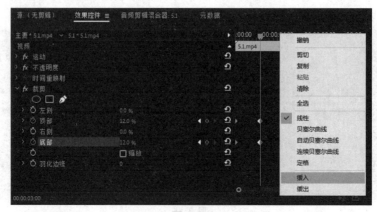

图 5-19

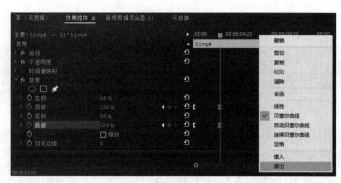

图 5-20

8）在时间轴 00:00:03:00 处选择文字工具 T ，在"节目监视器"面板键入手写体文字，为文字对象设置颜色及字体大小，还可以通过"位置"及"缩放"选项继续调整文字，如图 5-21 所示。

图 5-21

9）为了后续制作过程中不会卡顿，在"时间轴"面板中选中文字对象，单击鼠标右键，选择"嵌套"命令，如图 5-22 所示。

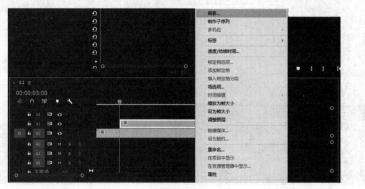

图 5-22

10）在"效果"面板中搜索"书写"，将效果拖到文字对象的轨道上，如图 5-23 所示。

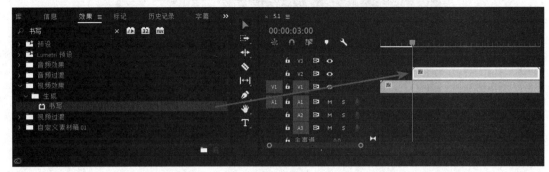

图 5-23

11）在"效果控件"面板中的"书写"效果下调整画笔大小使其能覆盖字体。在"节目监视器"面板中将画笔移动到文字起笔的位置，如图 5-24 所示。

图 5-24

12）单击"画笔位置"前的秒表图标，插入一个关键帧，然后按"→"键，时间轴向后移动一帧，激活"书写"效果，在"节目监视器"面板中按照文字书写方向稍微拖动画笔位置，如图 5-25 所示。

图 5-25

13）再次按"→"键，时间轴又向后移动一帧，继续按照书写方向拖动画笔位置，如图5-26所示。

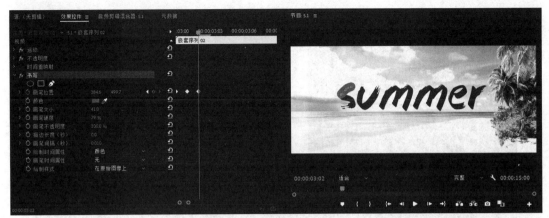

图 5-26

14）按照上面两步的操作方法，用画笔逐帧将文字描一遍，注意这里画笔从头至尾都不要断开，如图5-27所示。

图 5-27

15）将"画笔间隔"参数调整为"0.001"，这样书写效果会更加流畅，如图5-28所示。

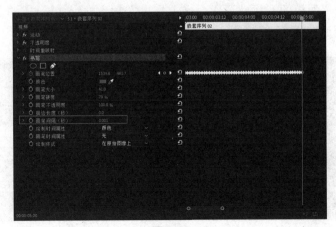

图 5-28

16）在"效果控件"面板中修改"绘制样式"为"显示原始图像"，将"时间指示器"移动到书写动效的开始位置 00:00:03:00，播放视频，观察制作效果，如图 5-29 所示。

图 5-29

17）为了使文字效果更加明显，可以双击文字轨道进入嵌套序列内部，在"效果控件"面板的"文本"选项下勾选"阴影"复选项，并根据需求调整其颜色、距离、大小等参数，如图 5-30 所示。

图 5-30

18）回到"5.1"序列，选择"文件"→"导入"，将素材"5.1.mp3"导入"项目"面板中，并将其拖曳到"时间轴"面板的音频轨道上。向前拖曳音频素材"5.1.mp3"的出点，与视频素材的出点对齐，如图 5-31 所示。

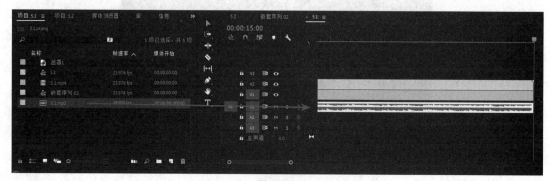

图 5-31

19）拉宽音频素材"5.1.mp3"所在的轨道，在 00:00:13:00 和出点位置添加两个关键帧，选择出点位置的关键帧，将其向下移动到最低点；再选择第一个关键帧，单击鼠标右键选择"贝塞尔曲线"命令并调整方向句柄。为音频素材制作淡出效果，如图 5-32 所示。

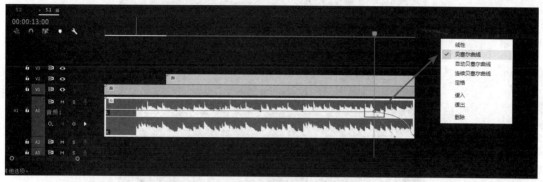

图 5-32

20）文字书写效果制作完毕，播放视频检验完成效果并导出，如图 5-33 所示。

图 5-33

技能点三　文字遮罩效果制作

1）选择"文件"→"新建"→"项目"，在"新建项目"对话框中设置项目的存储位置和文件名，然后单击"确定"按钮，如图 5-34 所示。

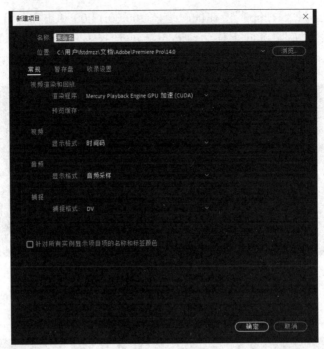

图 5-34

2）单击"新建项"■按钮，在打开的"新建序列"对话框中单击"设置"，切换面板后，"编辑模式"选择"自定义"，将视频的"帧大小"设置为 1920×1080，"像素长宽比"选择"方形像素（1.0）"，"场"选择"无场（逐行扫描）"，再为其设置好名称后单击"确定"按钮即可，如图 5-35 所示。

图 5-35

3）选择"文件"→"导入"，将素材"5.2.mov"和"5.2.mp3"导入"项目"面板中，并将其拖曳到"时间轴"面板上，如图 5-36 所示。

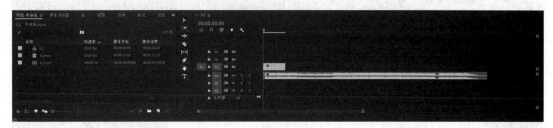

图 5-36

4）将音频素材"5.2.mp3"的出点向前拖曳，与视频素材的出点对齐。在"效果"面板中搜索"恒定功率"，将效果拖到音频对象的轨道上；再在"效果控件"面板中修改"持续时间"为"00;00;01;00"，为音频添加淡出效果，如图 5-37 所示。

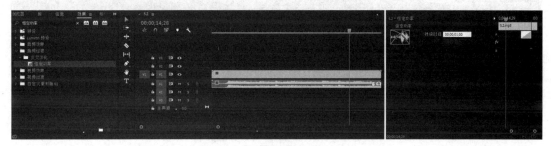

图 5-37

5）选择"文件"→"新建"→"旧版标题（T）..."，在弹出的窗口设置字幕对象的名称，然后单击"确定"按钮，如图 5-38 所示。

图 5-38

6）在弹出的"字幕"面板选择"文字"工具，键入文字内容，选择一种较粗的字体，并调节文字大小到几乎满屏的状态，如图 5-39 所示。

图 5-39

7）在"字幕"面板中单击"滚动 / 游动选项"按钮 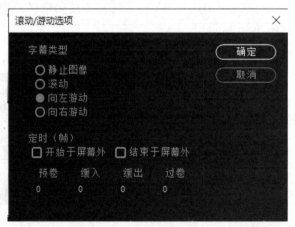，在弹出的对话框中选择"向左游动"选项，然后单击"确定"按钮，如图 5-40 所示。

图 5-40

8）关闭"字幕"面板，在"项目"面板中选择刚刚创建好的字幕对象，将其拖曳到"时间轴"面板中，并将出点拖曳到与视频素材"5.2.mov"出点对齐的位置，如图 5-41 所示。

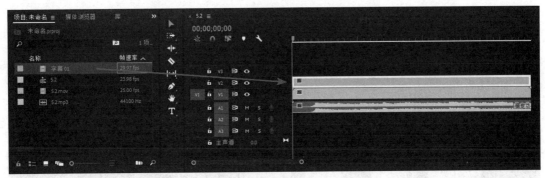

图 5-41

9）在"效果"面板中搜索"轨道遮罩键"，将效果拖到素材"5.2.mov"的轨道上，如图 5-42 所示。

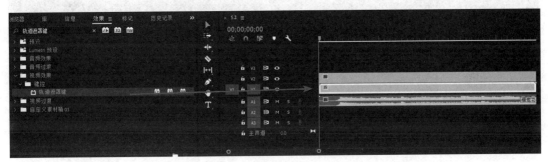

图 5-42

10）在"效果控件"面板的"遮罩"选项中选择"视频 2"，如图 5-43 所示。

图 5-43

11）此时文字遮罩效果制作完毕，播放视频检验完成效果并导出，如图 5-44 所示。

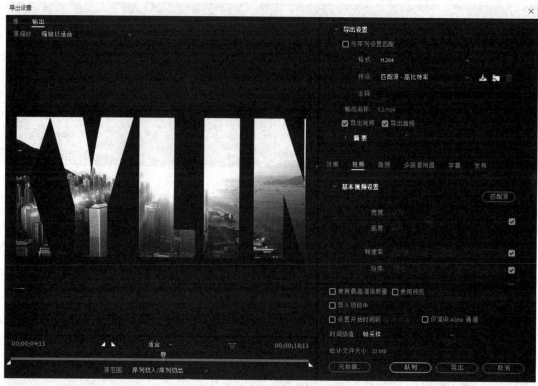

图 5-44

技能点四　片尾字幕滚动效果制作

1）选择"文件"→"新建"→"项目"，在"新建项目"对话框中设置项目的存储位置和文件名，然后单击"确定"按钮，如图 5-45 所示。

2）单击"新建项"按钮 ，在打开的"新建序列"对话框中单击"设置"，切换面板后，"编辑模式"选择"自定义"，将视频的"帧大小"设置为 1920×1080，"像素长宽比"选择"方形像素（1.0）"，"场"选择"无场（逐行扫描）"，再为其设置好名称后单击"确定"按钮即可，如图 5-46 所示。

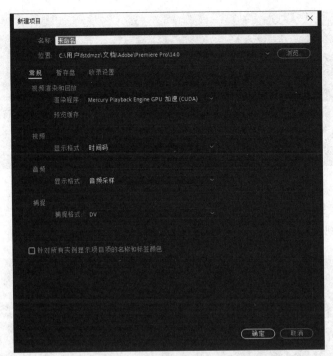

图 5-45

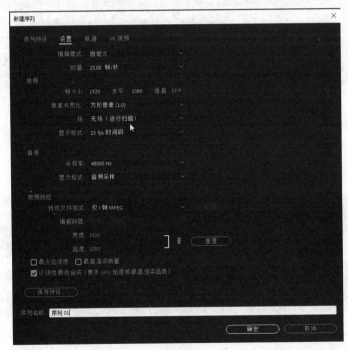

图 5-46

3）选择"文件"→"导入"，将素材"5.3.jpg"和"5.3.mp4"导入"项目"面板中，并将视频素材"5.3.mp4"拖曳到"时间轴"面板上，如图 5-47 所示。

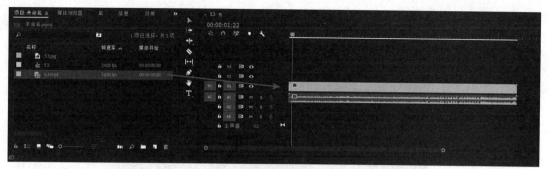

图 5-47

4）单击"效果控件"面板的"缩放"选项，将参数修改为"40.0"，并在"节目监视器"面板将视频素材移动到合适的位置，如图 5-48 所示。

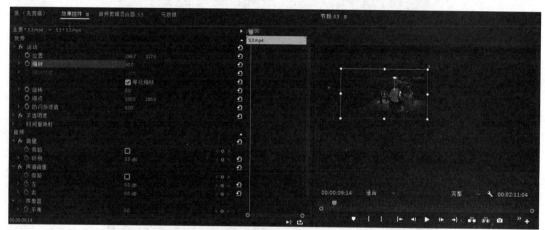

图 5-48

5）选择素材"5.3.mp4"，单击鼠标右键，执行"取消链接"命令，将视频素材上移到"视频2"轨道，再将图片素材"5.3.jpg"拖曳到"时间轴"面板上的"视频1"轨道，并将其出点与视频素材对齐，作为视频素材的背景，如图 5-49 所示。

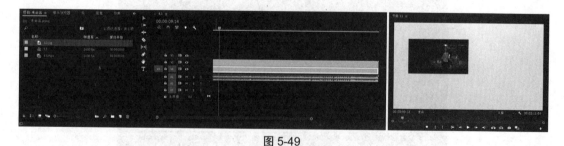

图 5-49

6）接下来为视频素材制作倒影效果，在"时间轴"面板选择视频素材"5.3.mp4"，按住"Alt"键向上拖动复制一个视频素材的副本。在"效果"面板搜索"垂直翻转"效果，将其拖曳到副本对象上，如图 5-50 所示。

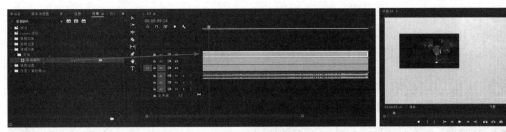

图 5-50

7）在"效果"面板依次搜索"线性擦除"和"高斯模糊"效果，并将其拖曳到副本对象上，如图 5-51 所示。

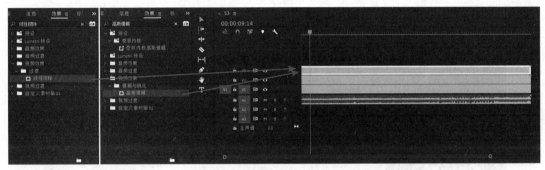

图 5-51

8）选中视频副本对象，调整"效果控件"面板"位置"选项的参数，将复制的视频素材移动到合适的位置，如图 5-52 所示。

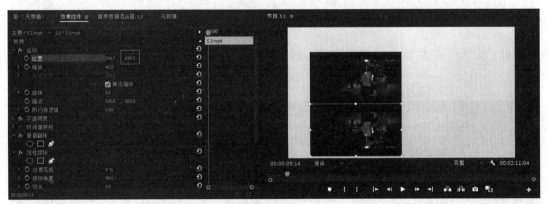

图 5-52

9）在"效果控件"面板中，将"线性擦除"选项的"过渡完成"参数改为"75%"，"擦除角度"参数改为"0.0°"，"羽化"参数改为"400.0"；再将"高斯模糊"选项的"模糊度"参数改为"20.0"；最后将"不透明度"参数改为"80.0%"，如图 5-53 所示。

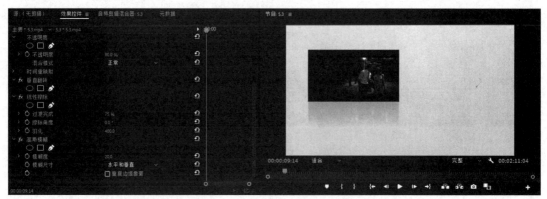

图 5-53

10）选择"视频 2"和"视频 3"轨道，单击鼠标右键，执行"嵌套"命令，如图 5-54 所示。

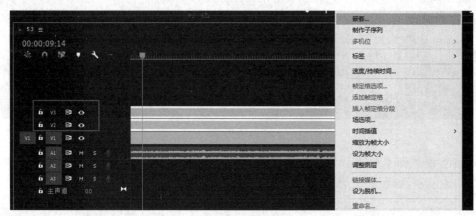

图 5-54

11）在"效果"面板中搜索"基本"，将"基本 3D"效果拖曳到嵌套对象上，如图 5-55 所示。

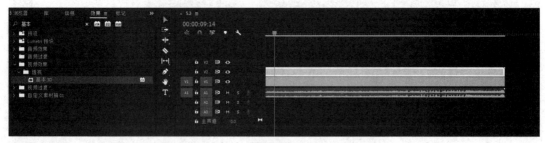

图 5-55

12）在"效果控件"面板中，将"基本 3D"选项的"旋转"参数改为"-40"，再适当调整"位置"选项参数，倒影效果制作完成，如图 5-56 所示。

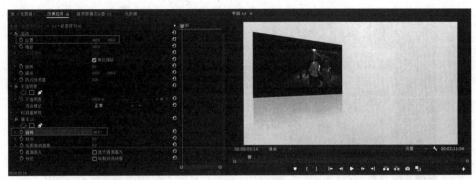

图 5-56

13）接着制作片尾字幕动效，选择"文件"→"新建"→"旧版标题（T）..."，在弹出的窗口中设置字幕对象的名称后单击"确定"按钮，如图 5-57 所示。

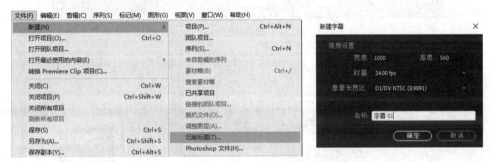

图 5-57

14）在"字幕"面板中单击"滚动 / 游动选项"按钮，在弹出的对话框中选择"滚动"选项，并勾选"开始于屏幕外"和"结束于屏幕外"复选项，然后单击"确定"按钮，如图 5-58 所示。

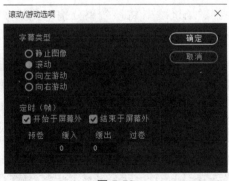

图 5-58

15）选择"文字工具"，在画面拖曳出一个文本框，打开附件"5.3.txt"，将里面的文字内容复制到文本框内。可以先选择合适的字体样式，再调整文字版式、字体、大小、行距等参数，然后用"选择工具"拖动文本框底部，确保所有文字内容显示完全，如图 5-59 所示。调整好后单击"关闭"按钮。

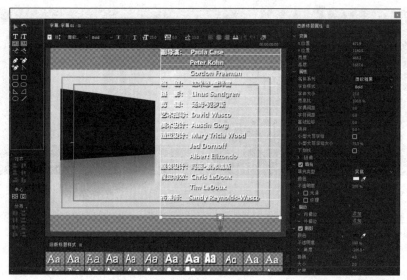

图 5-59

16）在"项目"面板中将"字幕 01"对象拖曳到"时间轴"面板中，如图 5-60 所示。（注意：字幕滚动的速度快慢依"字幕 01"对象在时间轴上的长短而定）。

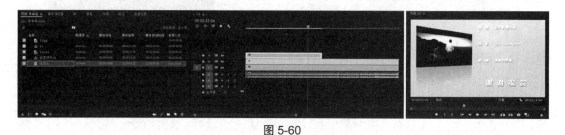

图 5-60

17）字幕播放完毕后，根据结束时长可将嵌套对象、图片背景素材及音频素材的出点向前拖曳，在"效果"面板搜索"黑场过度"，将该效果分别拖曳到嵌套素材以及图片素材的出点，并在"效果控件"面板将"持续时间"参数改为"00:00:02:00"，如图 5-61 所示。

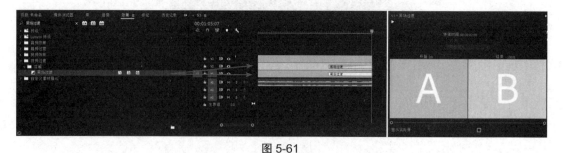

图 5-61

18）在"效果"面板搜索"恒定功率"，将该效果拖曳到音频素材的出点，并在"效果控件"面板将"持续时间"参数改为"00:00:02:00"，制作音频淡出效果，如图 5-62 所示。

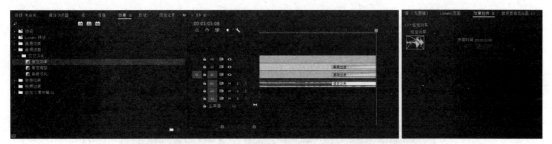

图 5-62

19）此时片尾字幕滚动效果制作完毕，播放视频检验完成效果并导出，如图 5-63 所示。

图 5-63

技能点五　文字扫光效果制作

1）选择"文件"→"新建"→"项目"，在"新建项目"对话框中设置项目的存储位置和文件名，然后单击"确定"按钮，如图 5-64 所示。

2）单击"新建项"按钮，在打开的"新建序列"对话框中，单击"设置"，在新的窗口中选择"编辑模式"为"自定义"，将视频的"帧大小"设置为 1920×1080，"像素长宽比"选择"方形像素（1.0）"，"场"选择"无场（逐行扫描）"，最后再为序列设置好名称后单击"确定"按钮即可，如图 5-65 所示。

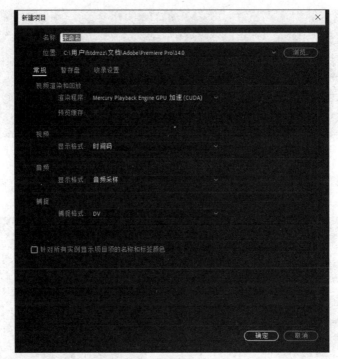

图 5-64

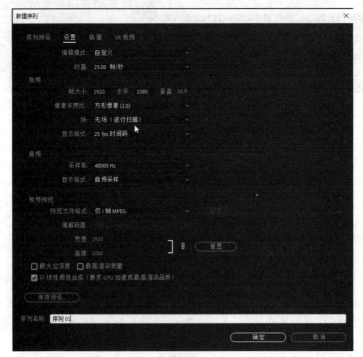

图 5-65

3）选择"文件"→"导入"，将图片素材"5.4.jpg"导入"项目"面板，并将其拖曳到"时间轴"面板上，如图 5-66 所示。

图 5-66

4）选择"文件"→"新建"→"旧版标题"，弹出窗口后设置好字幕对象的名称并单击"确定"按钮，如图 5-67 所示。

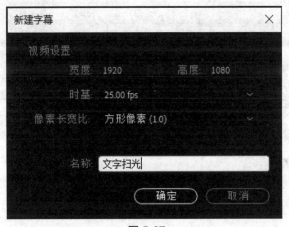

图 5-67

5）在弹出的"字幕"面板中选择"文字"工具，键入文字内容，首先选择一种金属效果的文字样式，适当调节文字大小，设置字体为"Blod"粗体样式，然后将其渐变色调整得更深一些，最后依次单击"水平居中"与"垂直居中"按钮，如图 5-68 所示。

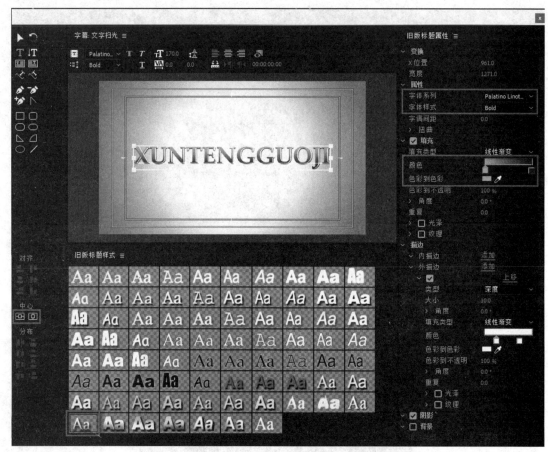

图 5-68

6）关闭"字幕"面板，在"项目"面板中选择刚刚创建好的字幕对象，将其拖曳到"时间轴"面板中，如图 5-69 所示。

图 5-69

7）在"时间轴"面板中选择字幕对象，按住"Alt"键将其向上移动复制一个；选择"文件"→"导入"，将音频素材"5.4.mp3"导入"项目"面板中，然后拖曳到"时间轴"面板的音频轨道上，并将其出点与视频轨道素材对齐，如图 5-70 所示。

图 5-70

8）选择"窗口"→"旧版标题设计器"→"旧版标题"，将复制的字幕对象拖曳到"字幕"面板中，修改文字渐变颜色为更浅的金色渐变后关闭窗口，如图 5-71 所示。

图 5-71

9）选择复制的字幕对象，在"效果控件"面板下的"不透明度"选项中单击"创建椭圆形蒙版"按钮 ，在"节目监视器"中修改蒙版大小，使其大概能覆盖一个字幕即可；再将"蒙版羽化"选项数值调整为"97"，如图 5-72 所示。

图 5-72

10）在时间轴 00:00:00:00 的位置单击"蒙版路径"选项前的秒表图标■，添加一个关键帧；按"→"键两次，移动 2 帧，再次给"蒙版路径"添加一个关键帧，并单击"蒙版 1"激活，在"节目监视器"中移动蒙版到下一个字幕，如图 5-73 所示。

图 5-73

11）再次按"→"键两次，移动 2 帧，给"蒙版路径"添加一个关键帧，并单击"蒙版 1"激活，在"节目监视器"中移动蒙版到第三个字幕，如图 5-74 所示。

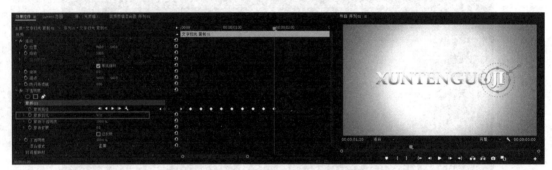

图 5-74

12）按照上述操作方法，每 2 帧添加一个关键帧并移动蒙版到下一字幕（若想动画运动速度更快或更慢一些，可以将关键帧间隔缩短或拉长），直到所有字幕都被蒙版覆盖过，如图 5-75 所示。

图 5-75

13）此时文字扫光效果制作完毕，播放视频检验完成效果并导出，如图 5-76 所示。

图 5-76

技能点六　文字 3D 旋转效果制作

1）选择"文件"→"新建"→"项目"，在"新建项目"对话框中设置项目的存储位置和文件名，然后单击"确定"按钮，如图 5-77 所示。

2）单击"新建项"按钮，在打开的"新建序列"对话框中单击"设置"，在新的窗口中选择"编辑模式"为"自定义"，将视频的"帧大小"设置为 1920×1080，"像素长宽比"选择"方形像素（1.0）"，"场"选择"无场（逐行扫描）"，最后为序列设置好名称，单击"确定"按钮即可，如图 5-78 所示。

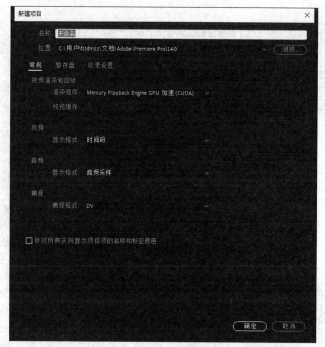

图 5-77

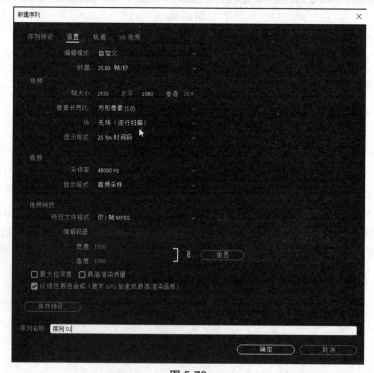

图 5-78

3）选择"文件"→"导入"，将图片素材"5.5.jpg"导入"项目"面板中，并将其拖曳到"时间轴"面板上，如图 5-79 所示。

图 5-79

4）选择"文件"→"新建"→"旧版标题"，在弹出的窗口中设置字幕对象的名称，然后单击"确定"按钮，如图 5-80 所示。

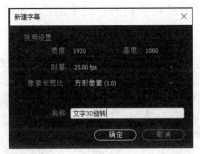

图 5-80

5）在弹出的"字幕"面板中选择"文字"工具，键入文字内容，选择如图 5-81 所示的文字样式，适当调节文字大小，取消"斜体"样式，依次单击"水平居中"与"垂直居中"按钮。

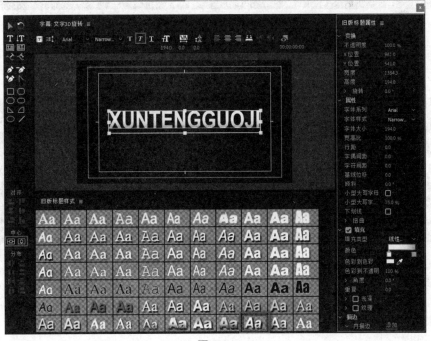

图 5-81

6）关闭"字幕"面板，在"项目"面板中选择刚创建好的字幕对象，将其拖曳到"时间轴"面板中，如图 5-82 所示。

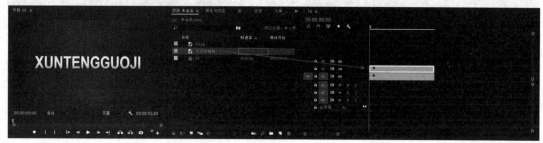

图 5-82

7）在"时间轴"面板中将字幕对象和图片对象的出点调整到 00:00:05:00 的位置，如图 5-83 所示。

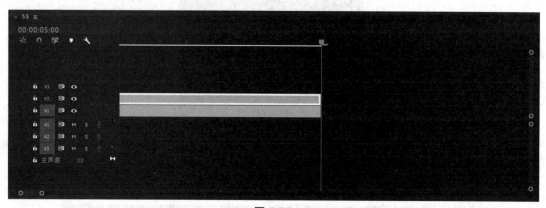

图 5-83

8）选择"效果"→"视频效果"→"透视"→"基本 3D"，将该效果拖曳到"时间轴"面板的字幕对象上，如图 5-84 所示。

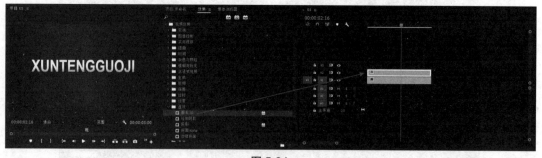

图 5-84

9）移动"时间指示器"到 00:00:00:00 的位置，在"效果控件"面板中单击"基本 3D"选项的"旋转"命令前的秒表图标，添加一个关键帧，如图 5-85 所示。

图 5-85

10）移动"时间指示器"到 00:00:02:00 的位置，单击"旋转"命令的"添加/删除关键帧"按钮，添加一个关键帧，并将参数修改为"270.0°"，如图 5-86 所示。

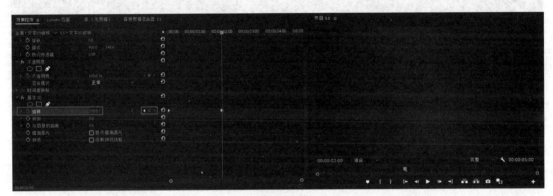

图 5-86

11）移动"时间指示器"到 00:00:03:00 的位置，单击"旋转"命令的"添加/删除关键帧"按钮，添加一个关键帧，并将参数修改为"0.0°"，如图 5-87 所示。

图 5-87

12）选择"文件"→"导入"，将音频素材"5.4.mp3"导入"项目"面板中，然后拖曳到"时间轴"面板的音频轨道上，并将其出点调整到 00:00:03:00 的位置，如图 5-88 所示。

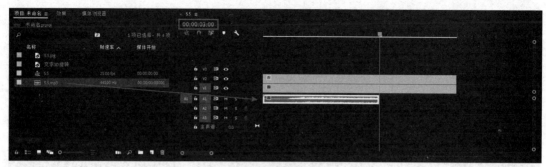

图 5-88

13）在"效果"面板搜索"恒定功率"，将该效果拖曳到音频素材的出点位置，如图 5-89 所示。

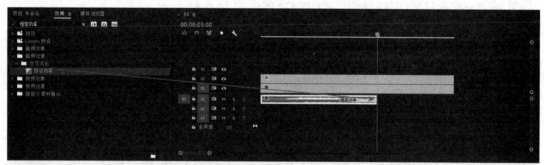

图 5-89

14）文字 3D 旋转效果制作完毕，播放视频检验完成效果并导出，如图 5-90 所示。

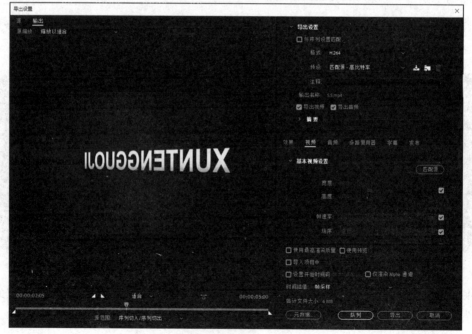

图 5-90

技能点七　文字水波效果制作

1）选择"文件"→"新建"→"项目"，在"新建项目"对话框中设置项目的存储位置和文件名，然后单击"确定"按钮，如图 5-91 所示。

2）单击"新建项"按钮，在打开的"新建序列"对话框中单击"设置"，在新的窗口中选择"编辑模式"为"自定义"，将视频的"帧大小"设置为 1920×1080，"像素长宽比"选择"方形像素（1.0）"，"场"选择"无场（逐行扫描）"，最后为序列设置好名称，单击"确定"按钮即可，如图 5-92 所示。

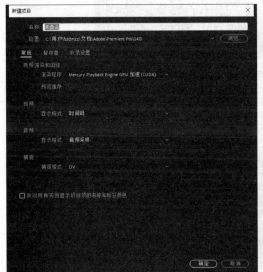
图 5-91

图 5-92

3）选择"文件"→"新建"→"旧版标题"，在弹出的窗口中设置字幕对象的名称，然后单击"确定"按钮，如图 5-93 所示。

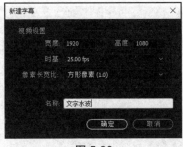
图 5-93

4）在弹出的"字幕"面板中选择"文字"工具，键入文字内容，选择如图 5-94 所示的文字样式，适当调节文字大小，依次单击"水平居中"与"垂直居中"按钮。

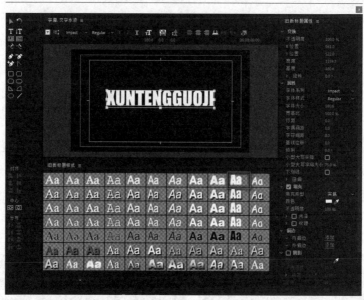

图 5-94

5）关闭"字幕"面板，在"项目"面板中选择刚创建好的字幕对象，将其拖曳到"时间轴"面板的轨道上，如图 5-95 所示。

图 5-95

6）移动"时间轴"轨道上文字对象的出点，将其调整到 00:00:05:00 的位置，如图 5-96 所示。

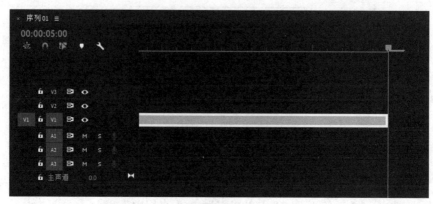

图 5-96

7）在"效果"面板搜索"湍流置换"，将该效果拖曳到字幕对象上，如图 5-97 所示。

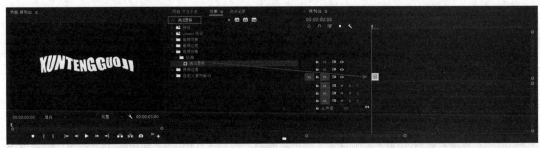

图 5-97

8）移动"时间指示器"到 00:00:00:00 的位置，依次单击"效果控件"面板中"数量"和"演化"选项前的秒表图标，添加两个关键帧，如图 5-98 所示。

图 5-98

9）移动"时间指示器"到 00:00:01:00 的位置，单击"效果控件"面板中"数量"选项的"添加 / 删除关键帧"按钮，添加一个关键帧，修改参数为"0.0"；单击"大小"选项前的秒表图标，添加一个关键帧，如图 5-99 所示。

图 5-99

10）移动"时间指示器"到 00:00:02:00 的位置，单击"效果控件"面板中"数量"选项的

"添加/删除关键帧"按钮,添加一个关键帧,修改参数为"50.0",如图 5-100 所示。

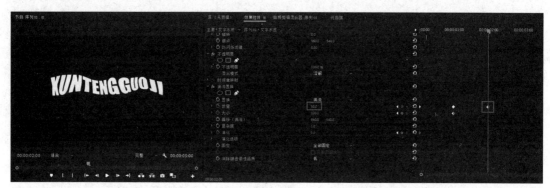

图 5-100

11)移动"时间指示器"到 00:00:03:00 的位置,单击"效果控件"面板中"数量"和"大小"选项的"添加/删除关键帧"按钮,添加两个关键帧,修改"大小"选项的参数为"25.0",如图 5-101 所示。

图 5-101

12)移动"时间指示器"到 00:00:04:00 的位置,单击"湍流置换"选项中"数量"和"演化"命令的"添加/删除关键帧"按钮,添加两个关键帧,修改"数量"选项的参数为"0.0","演化"选项的参数为"65.0°",如图 5-102 所示。

图 5-102

13)此时文字水波效果制作完毕,播放视频检验完成效果并导出,如图 5-103 所示。

图 5-103

一、选择题

1. 在 Premiere Pro 中，想要精确创建字幕可以使用（　　　）来完成。

A. 文字工具　　　　　　B.“字幕”命令　　　　　C. 旧版标题　　　　　D. 基本图形

2. 在 Premiere Pro 的“旧版标题”中，字幕分为（　　　）种类型。

A.1　　　　　　　　　B.2　　　　　　　　　C.3　　　　　　　　　D.4

3. 在 Premiere Pro 的“旧版标题”中，（　　　）面板内放置着制作和编辑字幕时所要用到的工具。

A. 字幕工具　　　　　　B. 动作工具　　　　　C. 字幕样式　　　　　D. 字幕属性

4. 在 Premiere Pro 中，通过（　　　）创建好字幕对象后，其会自动生成在“时间轴”面板中。

A. 文字工具　　　　　　B.“新建字幕”命令　　　C. 旧版标题　　　　　D. 基本图形

5. 在 Premiere Pro 中，除了使用“旧版标题”窗口和“文字工具”创建字幕之外，还可以通过（　　　）创建字幕。

A. 基本图形　　　　　B.“字幕”命令　　　　C. 效果控件　　　　　D. 书写效果

二、简答题

1. 简述“旧版标题”的字幕类型。
2. 简述如何使用“字幕”命令创建字幕。

三、操作题

根据本项目所学知识,结合“课后练习”文件夹中提供的素材,制作一个动态字幕短视频。

项目六　制作抖音短视频

科技的进步提供了多种多样的表达载体,继博客、微博、公众号之后,随着网红经济的蓬勃发展,视频行业逐渐崛起了一批优质的 UGC(User Generated Content)内容制作者,字节跳动、快手、腾讯等纷纷入局短视频行业,募集了许多优秀的内容制作团队入驻。自 2017 年以来,短视频行业竞争逐渐进入白热化阶段,内容制作者也偏向 PGC(Professional Generated Content)专业化运作,据 Quest Mobile 报告,2019 年短视频用户规模已超 8.2 亿人,市场规模 2 000 亿元。随着 5G 等互联网技术的进一步普及,我国短视频行业将迎来黄金发展期,市场前景十分可观。本项目旨在通过抖音短视频的后期剪辑制作,讲解视频剪辑相关知识,在任务实现过程中做到以下几点:

- 了解短视频的相关行业信息;
- 熟悉短视频的制作流程;
- 了解景别和运镜的概念;
- 了解各种形式的短视频对镜头语言的运用;
- 通过实践掌握抖音短视频的后期剪辑与制作方法。

短视频在现代人的生活中占据了怎样的位置? 根据 Quest Mobile 数据显示(图 6-1),截至 2019 年 6 月,短视频的用户规模超过 8.2 亿人,同比增速超 32%,意味着 10 个移动互联网用户中有 7.2 个正在使用短视频产品,而伴随着各个短视频平台在下沉市场的动作越来越频繁,短视频在民众中的普及率和影响力也越来越大,没事看一看短视频已成为这个时代的网民的重要特征。

从本质上来说,在短视频平台上,人人都拥有机会,而生活无疑是最好、最大的素材库。细致观察,用心感受,便能发现生活之美无处不在,令人感动的瞬间比比皆是,从生活点滴到旅行趣闻,从花鸟鱼虫到体育竞技,任何时刻都可以通过拍摄短视频来记录美好,传递积极的生活态度。本项目以短视频作为载体,从视听语言到后期剪辑,带领读者快速入门短视频制作。

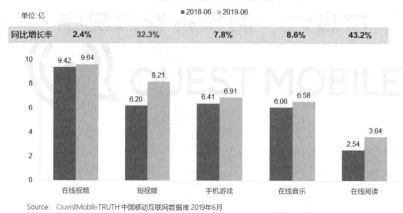

图 6-1

技能点一　　短视频概述

　　短视频又称短片视频,一般是在互联网新媒体上传播的时长在 5 分钟以内的视频。由于内容简短,可以单独成片,也可以成为系列栏目。短视频具有生产流程简单、制作周期短、参与性强等特点,已成为移动视频未来的发展风向标。

一、国外短视频发展现状

　　美国是最先涉足短视频领域的国家。2011 年 4 月,主打视频分享的 Viddy 出现(图 6-2),为用户提供了实时拍摄、快速编辑、同步分享等功能,之后由于经营不善被 YouTube 的内容提供商 Fullscreen 收购。随后, Twitter 在 2013 年正式推出了视频分享应用 Vine(图 6-3),用户可以在软件中拍摄 6 秒以内的短视频内容,并且可以与文字信息一同实时分享在 Twitter 中,也可以把几条连续拍摄的视频片段编辑在一起。大约半年后,图片社交网站 Instagram 也推出了视频分享功能,允许用户拍摄 15 秒内的视频并进行分享。为了对视频进行编辑,Instagram 还特地推出了视频编辑应用 Hyperlapse,可以对视频进行压缩。

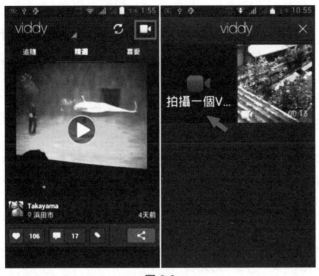

图 6-2   图 6-3

二、国内短视频发展现状

国内短视频平台化发展趋势明显,各大龙头平台瓜分市场,激烈竞争。最早出现的秒拍、小咖秀及美拍(图 6-4 至图 6-6)等第一代短视频 APP,为短视频后期的井喷式发展奠定了用户基础。

图 6-4   图 6-5   图 6-6

秒拍与微博合作,重视明星、网红、KOL(Key Opinion Leader,关键意见领袖)的引领作用。美拍以美图秀秀的美颜技术为依托,在视频拍摄功能中添加滤镜、配乐以及多种剪辑效果,还推出了"边看边买"功能,获得了众多年轻女性用户的青睐。而小咖秀虽然曾经一度风靡,但现在已经被淘汰出头部梯队位置。随后,快手、抖音迅速崛起,成为当前短视频领域的两大寡头(图 6-7、图 6-8),各大互联网巨头也围绕短视频领域相继展开争夺。以抖音为例,2020 年 9 月 15 日,第二届抖音创作者大会在上海举办。在当天的主题演讲中,北京字节跳动 CEO 张楠公布了抖音最新的数据:截至 2020 年 8 月,包含抖音火山版在内,抖音的日活跃用户已经超过了 6 亿人。会上,抖音还公布了创作者扶持成绩单,过去一年,有超过 2 200 万人在抖音合计收入超过 417 亿元。张楠表示,未来一年,抖音希望把这个数字翻一番,让创作者们的收入达到 800 亿元。

图 6-7   图 6-8

各大巨头纷纷加入短视频领域后，短视频的内容创作与平台渠道开始进一步推动内容领域的垂直细分化，从最开始生产纯搞笑、泛娱乐类内容的博主向着垂直领域划分进行转变，创作者逐渐细化、明晰自身定位，向某一专业垂直领域过渡，目前美妆、美食、萌宠成为三大主流内容，变现能力也随之增强。

2019 年 12 月，山东济南商河县"80 后"副县长王帅发布一条短视频，视频中，他模仿淘宝主播李佳琦"魔性"带货，推销该县土特产"商河皇家扒鸡"。据报道，视频发布后，2 天就卖出了 1 000 多只扒鸡。

今天的短视频行业一路高歌猛进，发展成为移动互联网的"万金油"，越来越多的 APP 开始引入短视频频道，短视频＋万物的时代已经到来，包括"短视频＋直播""短视频＋游戏""短视频＋电商""短视频＋自发性广告"等内容形式。

技能点二　短视频入门

短视频在极度丰富人们日常生活的同时，也因内容质量的参差不齐而引发众多的争议。随着用户审美的不断提高，UGC 生产的内容已经无法满足受众的视觉化需求，短视频拍摄技术开始向 PGC 专业化演进，强调与用户之间的互动，能够给用户带来前所未有的视觉、听觉、触觉、感觉联动的短视频，更能赢得受众的注意力。一般来说，一个短视频作品至少需要"内容定位""前期策划""拍摄素材"和"后期制作"四个步骤，而这四个步骤下面又分为多个小步骤。那么，如何打造专业化的短视频呢？

一、内容定位

内容创作者首先需要考虑清楚做短视频的目的究竟是什么。内容定位至关重要，发布的视频内容没有营养，而且账号内容还不垂直，这样的账号抖音、快手一抓一大把。平台根本不知道你做的是什么内容，就无法推荐更加精准的流量。那么如何进行内容定位呢？

1. 打造 IP

打造 IP 其实就是建立个人形象，也就是大众定义你的标签：美食达人、美妆博主、搞笑博主、励志宝妈等等。假如说要进行个人 IP 的打造，一定要设立清晰的目标，当前很多题材的发展前景都非常广阔，例如时尚、美食、育儿、情感、教育、生活、游戏、健身、宠物、科普、评测等，比如网红毛毛姐就是男扮女装幽默搞笑，竹鼠养殖户华农兄弟则是喜欢分享农村生活。

提到个人 IP 一定绕不开知名美食视频博主李子柒，她在 YouTube 平台的粉丝数目前已破千万。据分析，仅凭 YouTube 上的视频播放相关分成，李子柒一年就能进账千万。李子柒的作品题材来源于中国人古朴的传统生活，以中华民族引以为傲的美食文化为主线，围绕衣食住行四个方面展开。外国网友看了她的短视频都清一色赞不绝口，吸粉无数，很多人通过她的短视频了解中国以及中国文化，甚至有的外国粉丝因为她开始学习中文。李子柒作品传达出的积极向上、热爱生活的态度，以及其内容中结合人生经历传达出的独立自强的奋斗精神，多次被央视官方微博等众多主流媒体转发表扬。

除了平台广告分成,李子柒还通过开设同名天猫旗舰店成功将流量变现。巨大的粉丝流量立刻就将网店的销量点爆。李子柒在后期的视频中,时不时曝光自己个人品牌的产品,为自己的个人品牌做广告。到 2020 年,她的天猫旗舰店一共拥有超过 500 万的粉丝,销量最多的李子柒螺蛳粉月销量超过 150 万份,成为淘宝方便速食打赏的第一名。简单算一下账,单价 34.7 元的螺蛳粉,月销售额就超过 5 000 万元,年销售额过 6 亿元。

未来的消费模式就是一个 IP 圈着一群粉丝,粉丝都在自己喜欢的 IP 主播那里购买他们推荐的产品。打造 IP 的好处在于带货产品不受限制,不管带什么样的货,只要保证产品质量,粉丝都会买账。因为本质上来讲,粉丝是为这个 IP 形象买单。不过需要注意的是,IP形象的打造不是短时间能树立的,必须坚持发垂直作品,强调自己的 IP"人设",这期间不仅要具备日复一日的执行力,还要有前期沉寂的耐力。

除此之外,在进行内容定位的时候,还必须考虑清楚面向什么人群做内容,内容满足了目标用户群的什么需求。具体可以通过分析竞品,对典型的目标用户进行深度调查或访谈来实现。定位并不是一步到位的,可能需要经历多次调整,但是最开始要有一个方向,免得漫无目的。重复试错也得是在一定基础上做迭代才有价值。

二、前期策划

专业的短视频内容生产方式绝不是即兴拍完上传平台就可以。首先需要明确短视频整体内容思路,然后进行策划方案的编写,最后根据策划方案进行拍摄和制作。前期策划工作主要包括以下几个方面。

1. 拍摄主题

在拍摄前期,首先要根据自身定位确定短视频的具体内容,比如一个美妆博主拍摄美白系列的短视频,那么拍摄一期美白精华测评就是具体的拍摄主题。

2. 拍摄时间

确定拍摄时间之后,可以做成可落地的拍摄方案,把握时间进度,不会产生拖拉问题。

3. 拍摄地点

拍摄地点非常重要,要拍的是室内场景还是室外场景,是日场还是夜场,这些都需要提前确定好。

4. 拍摄对象

提前准备好要拍摄的产品、道具。如果是剧情短片,要提前准备好演员。

5. 主要内容和剧情

内容和剧情就是把前期的创意点子、内容物料,转化为具体的实施方案和脚本。脚本一般分为拍摄提纲、文学脚本和分镜头脚本。一般新闻类的短视频适合用脚本大纲;不需要剧情的短视频适合用文学脚本,如图 6-9 所示;故事性强的短视频适合用分镜头脚本,如图6-10 所示。

《XXXX》文学脚本

一双略显沧桑的手推开店门,率先进门的是一个孩童。

"欢迎光临"老板正在打理货架,收起店里前几日开业活动的标牌,头也没抬地打了招呼。

"老板,请问可以买半只烤鸭打包吗?"听声音是一个略带羞涩的中年男子。

"可以啊,您先坐会儿,找这就让厨房做"老板热情地抬头说。

这时他才看清顾客是一个环卫工人。

环卫工人有些不好意思地抬头瞄了两眼菜单,下意识地看了一眼烤鸭图片,很快收敛了眼神。

想起老婆吃着简餐心满意足地说"等我去北京了一定要吃最正宗的烤鸭"(闪回)

"老板,再做一份牛肉面吧"中年男人从口袋里拿出的尽是零钱,数了数给老板。

"好嘞,您先坐吧,马上就好"老板接过钱热情周到地说。

小孩坐在中年男子对面用稚嫩的声音带点哭腔说:"爸爸,妈妈说我们明天就回去了……"

"等爸爸再工作一段时间就接你们过来生活。"中年男人坚定地说。

"耶!"伴着孩子的笑声一旁的老板将一切尽收眼底。

"你们的餐好了,请慢用。"老板放下两份牛肉面和打包好的一整只烤鸭转身要走。

"老板……你是不是……弄错了啊,这……"这个淳朴的中年人看到后第一反应是拒绝。

"这是我们店的开业活动,全部买一送一,正巧今儿是最后一天"

老板指着货架前重新挂起的牌子笑着解释道。

"这……谢谢……"男子不好意思地道谢并对儿子说:"快吃吧!"

"谢谢老板!"孩子有礼貌地对老板笑着说。

"不客气啊,小朋友。"老板说完开心地走了。

图 6-9

主题								《XXXX》					
场次	镜号	顺序	氛围	场景	景别	角度	镜头运动	演员	道具	内容	时长	备注
1	1	1	日内	会议室	中近	微俯	摇	1,2,小薇	简历三份	三位面试者坐在一排,镜头由第一位女生摇到小薇(小薇第三位),只有小薇低着头	2S	
	2				中近	仰	越肩(小薇)固定	面试官		1.面试官瞥一眼小薇方向,同时坐下转向第一位女生 面试官:"来,做一下自我介绍。" 2.面试官对1号微微点头,然后转向2号。面试官:"来,你说说。" 3.面试官转向小薇:"好,时间有限,给你20秒自我介绍一下。" 4.面试官:"还有15秒。"(可以加个看手机的动作)	30S	
	3				近	微仰	固定	1号面试者		1号:我曾经在上市影视公司工作过,我做的项目曾经海外发行(插/接2.2面试官反应镜头)	3S	
	4				近	微仰	固定	2号面试者		2号:我曾经在视频平台工作过,我做的项目击破20亿。(接2.3)	5S	
	5				中近	微俯	越肩(面试官)固定	面试官		1.小薇:20秒?可她们都……(接2.4) 2.小薇:我,我是应届生,在校期间……	2S	
	6				近	平	固定	面试官		面试官:"好,今天就到这里。"(说完站起来准备走)	2S	
	7				近	俯	固定	小薇		委屈表情(接起身动作) 这里想多拍几个小薇的反应镜头备用(插在1,2自我介绍里)	3S	
2	1	2	日内	会议室门口	中	平	越肩(面试官)固定	1,2,小薇		1.面试官对1号2号说:"周一来复试啊,别迟到啊。"(说着的时候小薇走了过来) 小薇:"您好,那我周一也来吗?" 2.小薇低头:"哦……"(然后抱着简历文件从镜头前走过,挡住镜头)	5S	
	2				中近	微仰	越肩(小薇)固定	面试官		面试官由看1、2转向看小薇(有点愣住的感觉):你就不用来了。(接1.2)	3S	

图 6-10

三、拍摄素材

不论使用什么设备拍摄素材,都必须对摄影的基本原理有一定的认识和了解。一部成功的短视频作品除了有一个好的题材和创意外,还须讲究构图、用光、影调或色调、曝光等摄影造型要素,以及种种后期剪辑制作技巧,它们共同构成了摄影艺术的特征。

1. 曝光三要素

快门、光圈、ISO 感光度是相机最基本的参数,是控制曝光的三要素。巧妙运用这三个要素,可以拍摄出非常漂亮的影像。如果把获得图像的亮度比喻成一杯水的总量的话,那么快门速度相当于注水时间,时间越久,进水越多,图像越亮;光圈相当于水龙头的直径,直径越大,进水越快,图像越亮;ISO 感光度相当于水流速度,水流越快,进水越快,图像越亮。曝光三要素可以按照比例改变参数而保持曝光量不变,相同曝光量下三者之间的数值,照片表现出的效果如图 6-11 所示。

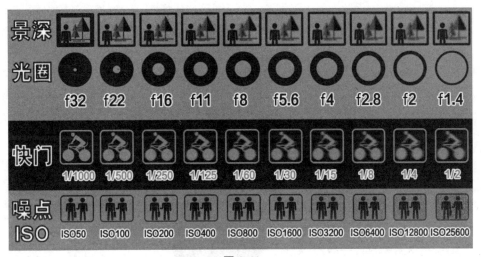

图 6-11

(1)快门

快门是摄像器材中用来控制光线照射感光元件时间的装置。如果说摄影是用"光"的艺术,那么快门就是控制光线痕迹最重要的手段。

快门是一个以时间作为计量单位的参数。快门速度的快与慢,决定了感光元件在场景下曝光的时间,在大多数情况下以秒为单位,分母越大,速度越快(即 1/4000 比 1/30 快得多)。可以把光想象成水流,快门决定了打开水阀的时间长短:快门快,打开水阀的时间就短,得到的水就少,表示得到的光线就少,画面就会变暗;快门慢,打开水龙头的时间就长,得到的水就多,表示得到的光线就多,画面就会变亮。这便是快门对画面曝光产生的影响。目前的单反和无反设备,一般的最高快门速度为 1/4000 秒到 1/8000 秒。图 6-12 至图 6-17 为快门工作过程示意图。

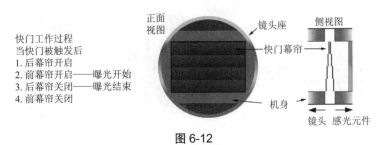

快门工作过程
当快门被触发后
1. 后幕帘开启
2. 前幕帘开启——曝光开始
3. 后幕帘关闭——曝光结束
4. 前幕帘关闭

图 6-12

快门工作过程
当快门被触发后
● 1. 后幕帘开启
2. 前幕帘开启——曝光开始
3. 后幕帘关闭——曝光结束
4. 前幕帘关闭

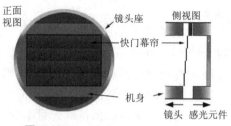

图 6-13

快门工作过程
当快门被触发后
1. 后幕帘开启
2. 前幕帘开启——曝光开始
3. 后幕帘关闭——曝光结束
4. 前幕帘关闭

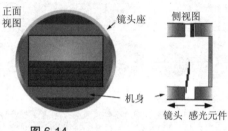

图 6-14

快门工作过程
当快门被触发后
1. 后幕帘开启
● 2. 前幕帘开启——曝光开始
3. 后幕帘关闭——曝光结束
4. 前幕帘关闭

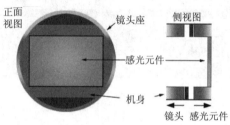

图 6-15

快门工作过程
当快门被触发后
1. 后幕帘开启
2. 前幕帘开启——曝光开始
● 3. 后幕帘关闭——曝光结束
4. 前幕帘关闭

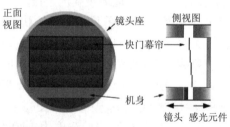

图 6-16

快门工作过程
当快门被触发后
1. 后幕帘开启
2. 前幕帘开启——曝光开始
3. 后幕帘关闭——曝光结束
● 4. 前幕帘关闭

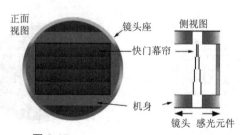

图 6-17

　　除此之外,快门速度的调整还会对画面效果产生影响。当快门速度加快,相机对画面的捕捉能力就会加强,也就是更容易定格画面,适合抓拍运动的物体,例如拍摄赛车或者振翅飞翔的鸟,如图 6-18 和图 6-19 所示;当快门速度减慢,相机对光的运动轨迹的记录能力便会得到提升,此时的相机创造性更强,但对于稳定性的要求也会提高,拍摄的对象一般会产生运动模糊的效果,具有一定的艺术感,如图 6-20 和图 6-21 所示。

图 6-18

图 6-19

图 6-20

图 6-21

（2）光圈

　　光圈,也叫焦比,是照相机上用来控制镜头孔径大小的部件,以控制景深、镜头成像质量,有时也表示光圈值,如图 6-22 所示。光圈的大小用"f"值表示,对于已经制造好的镜头,不能随意改变镜头的直径,但是可以通过在镜头内部加入机械多边形或者圆形的孔状光栅来达到控制镜头进光量的目的,这个装置就叫作光圈。光圈 f 值 = 镜头的焦距 / 光圈口径。光圈的 f 值越大,光圈就越小,进光量越少,反之亦然。

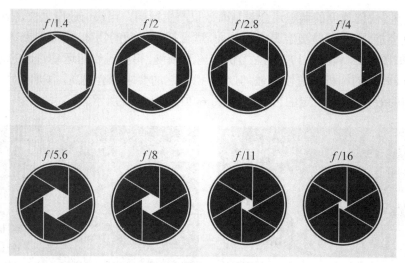

图 6-22

通俗来说,光圈的大小指的就是其直径大小,光圈有助于控制曝光,就像一个大窗户可以让更多光线进入房间,大光圈(小 f 值)会使照片曝光充足,如果照片曝光不足,则需要调整大光圈来纠正曝光。除了对曝光的影响外,光圈对画面的景深也会产生影响,大光圈(小 f 值)会产生模糊的背景,而小光圈(大 f 值)会使照片更多地方保持对焦,即大光圈小景深,小光圈大景深。合理地设置光圈,可以对图像进行创造性创作。如果背景中有一些东西分散注意力,大光圈将有助于模糊这些东西使主体更加突出。另一方面,如果整个场景都很美观,那么小光圈将有助于清晰地保留更多细节,如图 6-23 所示。

图 6-23

大光圈用来拍摄人物特写、细节、花卉、静物比较多,它的浅景深背景虚化效果更容易突出主题,如图 6-24 和图 6-25 所示。

图 6-24　　　　　　　　　　　　图 6-25

　　而小光圈一般用来拍摄山水风景、商业产品、环境人像等。小光圈能使空间远近物体都能清晰地表现，更容易突出环境，交代陪衬物体，让主题更加丰富，如图 6-26 和图 6-27 所示。

图 6-26　　　　　　　　　　　　图 6-27

（3）ISO 感光度

　　感光度就是感光元件对光线的敏感程度，多用 ISO 表示。感光度的等级是倍数关系，数字越大感光度越高，如 ISO100、200、400、800、1600 等。相邻 ISO 之间的感光度相差一倍。感光度越高，相机感光元件对光线敏感程度越强，照片越亮；感光度越低，相机感光元件对光线敏感程度越弱，照片越暗，如图 6-28 所示。

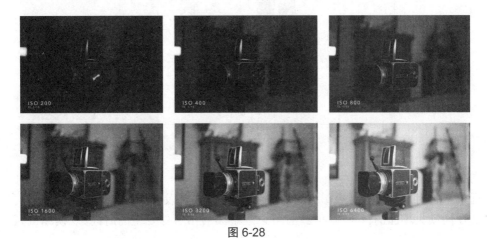

图 6-28

感光度除了影响画面亮度外,对画面质量也有一定影响,数值越高,信噪比越低,画质就越差。简单来说,就是感光度越高,照片的画质就会越差,噪点也越多。如图 6-29 所示,随着感光度越来越高,照片上逐渐出现了噪点,画质也变得越来越差。到 ISO3200 的时候画质变得非常糟糕,全部都是噪点。

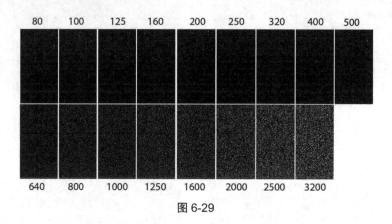

图 6-29

2. 景别

景别就是摄影机在距被摄对象的不同距离或用变焦镜头拍摄的不同范围的画面。为了适应人们在观察某种事物或现象时心理上、视觉上的需要,可以随时改变镜头的不同景别。景别的划分一般可分为六种,由远及近分别为远景、全景、中景、近景、特色、大特写,如图 6-30 所示。

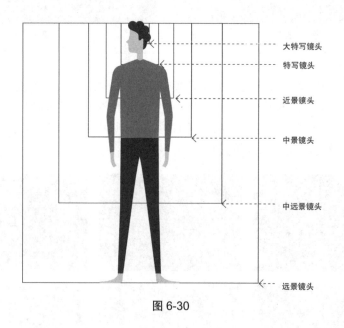

图 6-30

（1）远景

远景一般用来表现远离摄影机的环境全貌,展示人物及其周围广阔的空间环境、自然景色和群众活动大场面的镜头画面,或者可以理解为展示事件发生的时间、规模和气氛,通常用于介绍环境、抒发情感。

（2）全景

全景经常用于建筑局部以及人物所处环境的介绍，主要用来表现人物之间、人与环境之间的关系。

（3）中景

中景指半身以上，膝盖至头顶部分，这是采访时常用的景别，展示人物的交谈、上肢的语言，比较集中于人物上肢的表达，是叙事功能最强的一种景别。

（4）近景

近景指胸像以上，通常用于刻画人物面部表情，也是人物之间进行感情交流的景别。

（5）特写

画面的下边框在成人肩部以上的头像或其他被摄对象的局部称为特写镜头。特写镜头通常用于提示信息、营造悬念，能细微地表现人物面部表情，刻画人物，表现复杂的人物关系，它具有生活中不常见的特殊的视觉感受。

（6）大特写

大特写仅仅在景框中包含人物面部的局部，或突出某一拍摄对象的局部。大特写的作用和特写镜头是相同的，只不过在艺术效果上更加强烈。大特写在一些惊悚片中比较常见。

3. 运镜

运镜也就是运动镜头（参见本项目中的"运镜"文件夹），顾名思义便是通过运动摄影来拍摄动态景象。在短视频的拍摄中运镜是十分关键的，它就像盖房子的地基，地基打不好，外表再美也是空架子。各类运镜技巧可归纳为如下几种。

1）推（镜头）——是一种从远到近的构图变化，在被拍对象位置不变的情况下，相机向前缓缓移动或急速推进的镜头。用推镜头使银幕的取景范围由大到小，画面里的次要部分逐渐被推移至画面之外，主体部分或局部细节逐渐放大，占满银幕。此种镜头的主要作用是突出主体，使观众的视觉注意力相对集中，视觉感受得到加强，造成一种审视的状态。符合人们在实际生活中由远而近、从整体到局部、由全貌到细节观察事物的视觉心理，可以引导观众更深刻地感受角色的内心活动，加强情绪气氛的烘托。

2）拉（镜头）——与推镜头的运动方向相反，摄影机由近而远向后移动逐渐远离被摄对象，取景范围由小变大，被拍对象由大变小，与观众的距离也逐渐加大。画面的形象由少变多，由局部变化为整体。在景别上，由特写或近、中景拉成全景、远景。此种镜头的主要作用是交代人物所处的环境，使观众视点后移，看到局部和整体之间的联系。

3）摇（镜头）——摄影机不作移动，借助于活动底盘使摄影镜头上下、左右甚至旋转拍摄，仿佛人的目光顺着一定的方向对被拍对象巡视。摇镜头能代表人物的眼睛，用来看待周围的一切。它在描述空间、介绍环境方面有独到的作用。

4）移（镜头）——摄影机沿着水平方向作左右横移拍摄的镜头，类似于生活中人们边走边看的状态。移镜头同摇镜头一样能扩大银幕二维空间映像能力，但因机器不是固定不变的，所以比摇镜头有更大的自由，能打破画面的局限，扩大空间。移动拍摄的效果是最灵活的，常见于 vlog 的拍摄，但弊端是摄影设备的抖动不好控制，导致画面效果粗糙，这时可以考虑应用稳定器，稳定器可以通过机身马达和旋转轴来控制相机的移动和旋转。

5）跟（镜头）——跟镜头其实是移动摄影的一种变换用法，指跟随被拍对象保持等距离运动的移动镜头。跟镜头始终跟随运动着的主体,有特别强的穿越空间的感觉,适宜于连续表现人物的动作、表情或细部的变化。

6)甩(镜头)——甩镜头实际上是摇镜头的一种,是快速移动拍摄设备,从一个静止画面快速甩到另一个静止画面,中间影像模糊,变成光流,常用在表现人物视线的快速移动或某种特殊视觉效果,使画面有一种突然性和爆发力。在短视频转场中可以考虑利用甩镜头制造两个场景的画面衔接。

7)升 / 降(镜头)——升和降是摄像机借助升降装置等一边升降一边拍摄的方式,升降运动带来了画面视域的扩展和收缩,通过视点的连续变化形成了多角度、多方位的多构图效果。升、降镜头通常用于表现高大物体各个局部、纵深空间点面关系、事件或场面的规模、气势和氛围、画面内容中感情状态的变化等。

4. 各种形式的短视频对镜头语言的运用

（1）短片类

短片类短视频主要是叙述类的 , 一般制作精美。从景别上说,类似《二更》这类系列纪录片的短视频,如图 6-31 所示,往往需要呈现远景或全景来交代环境,表达人与人、人与环境之间的关系,而在一些采访环节,则是采用中景的景别,只有在展示一些商品或物品展示的时候,才会用到一些较小的景别,诸如近景、特写。类似《陈翔六点半》这样的剧情短片,在需要刻画人物内心的时候,近景和特写运用得比较频繁,如图 6-32 所示。

图 6-31

图 6-32

短视频是基于碎片化时间的一种内容传输。在这种短时间和快节奏的视频模式下,远景的使用率并不高,只有在需要交代事件的环境背景或者户外环境对故事主线影响很大的时候才会使用到。往往更多时候,会使用近景来刻画人物与环境之间的关系,一方面由于短视频的时长限制,不需要过多交代环境背景,另一方面由于短视频主要的播放设备在手机等移动端,在小屏幕上,远景别很难看清主体,所以这种景别要谨慎使用。

（2）主观类

从景别上说,主观类视频使用频率较高的景别是近景,基本上画面就是两只手的动作展现。抛去繁杂的配体与背景干扰只留下主体,这也正适合小屏幕的播放设备。从拍摄方式上说,主观类视频最常用的是主观拍摄,像是手工耿发布的生活技能类视频,如图 6-33 所示。这种拍摄方式就是利用第一人称视角进行一系列活动,优点就是观众带入感很强。美食、生活,这些需要动手的视频往往会选择这种方式。这种镜头语言简单,叙事性强,观众有融入感。像网红视频博主办公室小野和一些 UGC 内容等会大量使用这种镜头,如图 6-34

所示。没有花哨的镜头语言,但可以很清楚地交代清楚事情的来龙去脉,用户体验良好,内容生产效率高,这也是当前小野这样的 UGC 内容拥有高播放量并且受到用户追捧的重要原因之一。

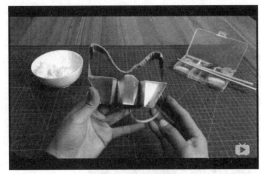

| 图 6-33 | 图 6-34 |

（3）访谈类（街访类）

从景别上来说,采访类视频动态镜头会很少,一般会采用中景和近景的切换,主要是表现嘉宾的情绪和心理。同时穿插环境或小景别的空镜头,这种模式声情并茂,能丰富短片内容,让采访更有趣味性。

街头采访则更多以中景来呈现,因为这样能够更多地交代街访的环境,表现街访的随机性。

从拍摄方式上来说,采访类视频多用固定机位中景平拍来拍摄,还原真实的现场视感,一般会选择多机位来拍摄,以便后期镜头的切换。而街访类一般会采取手持拍摄,营造一种街头随机的活泼感和真实感。

（4）自拍类

这类短视频是采取自拍的形式来进行拍摄。这种形式常见于 vlog 内容,很多 up 主（uploader,上传视频文件的人）选择用 vlog 的形式记录自己多姿多彩的生活。从拍摄方法上来说,自拍类大多采取平拍或者略微俯拍。通过这种构建形成一种戏剧化,类似于一种模仿摄像头的感觉,这种画面最早运用在网红直播上,由于互动感强,是目前很流行的拍摄方式。从景别上来说,这种形式由于受到本身拍摄特点的限制,一般都会用中景、近景,只要保证给予 up 主足够的表现空间即可,无须过多交代环境、背景等其他内容。

以上内容大致介绍了短视频的镜头语言,但是在创作过程中,并不是从头到尾只用一种景别或一种拍摄方式,即使是一镜到底或者长镜头,也会存在景别上的变化,所以在拍摄过程中还是要做到活学活用。

四、后期制作

短视频后期制作将在下文以案例形式详述。

技能点三　项目实战——抖音短视频后期制作

　　1）选择"文件"→"新建"→"项目"，在"新建项目"对话框中设置项目的存储位置和文件名，然后单击"确定"按钮（图 6-35），在打开的"新建序列"对话框中，单击"设置"，在新的编辑窗口中选择"编辑模式"为"自定义"，将视频的"帧大小"设置为 720×1280，以适应手机竖屏画面尺寸，"像素长宽比"选择"方形像素（1.0）"，"场"选择"无场（逐行扫描）"，最后为序列设置好名称，单击"确定"按钮即可，如图 6-36 所示。

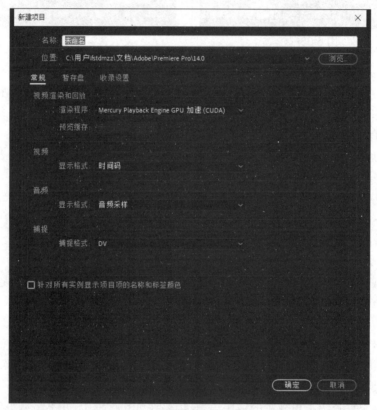

图 6-35

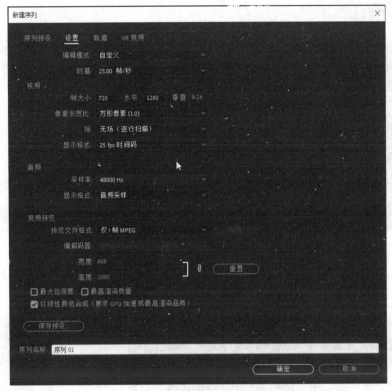

图 6-36

2）在菜单栏中执行"文件→导入"命令，将"01"素材导入"项目"面板中，再将其拖曳到"序列 01"时间轴中的"视频 1"和"音频 1"轨道，如图 6-37 所示。拖曳素材时，软件会弹出"剪辑不匹配警告"对话框，单击"保持现有设置"按钮即可，如图 6-38 所示。

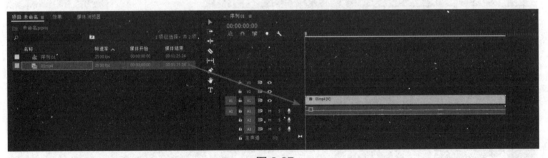

图 6-37

图 6-38

3）选中时间轴上的素材，单击鼠标右键执行"取消链接"命令，如图 6-39 所示，将视频与音频解除链接后,选择音频并将其删除。

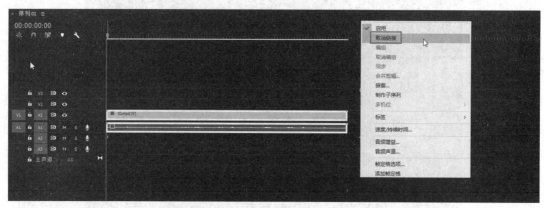

图 6-39

4)由于原始素材与现有序列不匹配,需要进行调整。选中时间轴上的素材,单击鼠标右键执行"缩放为帧大小"命令,如图 6-40 所示。

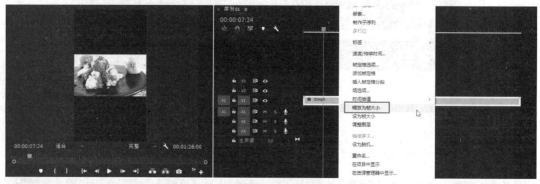

图 6-40

5)按住"Alt"键将素材向上移动复制一个,如图 6-41 所示。

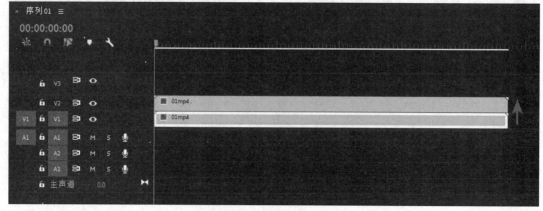

图 6-41

6)将时间指示器移动到 00:00:04:24 的位置,选择"视频 2"轨道上的素材,单击鼠标右键,选择"添加帧定格"命令,此时视频素材从该位置到出点都变为了像图片一样的定格效果,如图6-42所示。

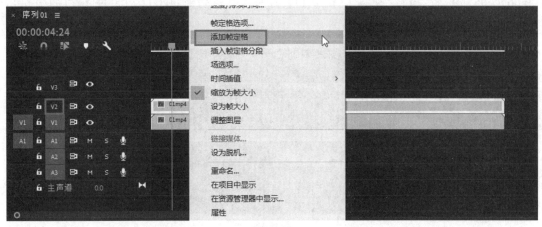

图6-42

7)同样在00:00:04:24的位置,选择"视频1"轨道上的素材,使用剃刀工具 对该素材进行分割,并将两个轨道中前半部分素材删除,如图6-43所示。

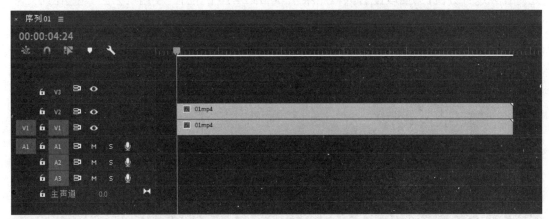

图6-43

8)在菜单栏中执行"文件→导入"命令,将音频素材"配音"导入"项目"面板中,再将其拖曳到"序列01"时间轴中的"音频1"轨道,如图6-44所示。在制作短视频时,如果不想用自己的声音来配音,可以借助配音软件进行音频的制作,准备好文案输入配音软件中即可自动生成音频素材,合成后下载即可。

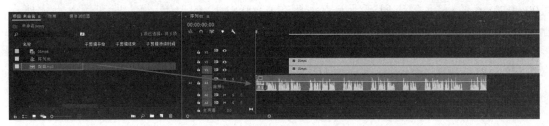

图6-44

9）播放音频素材，第一段配音大概结束在 00:00:07:05 的位置，使用剃刀工具 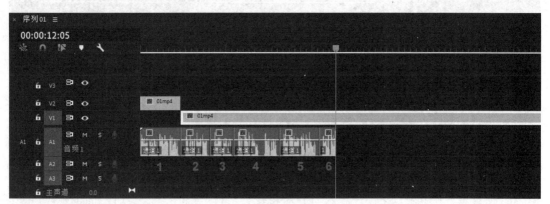 在此处对音频进行分割；将"视频 2"轨道上素材的入点移动到 00:00:00:00 的位置，出点移动到 00:00:07:05 的位置；再将"视频 1"轨道上素材的入点移动到 00:00:07:05 的位置，如图 6-45 所示。

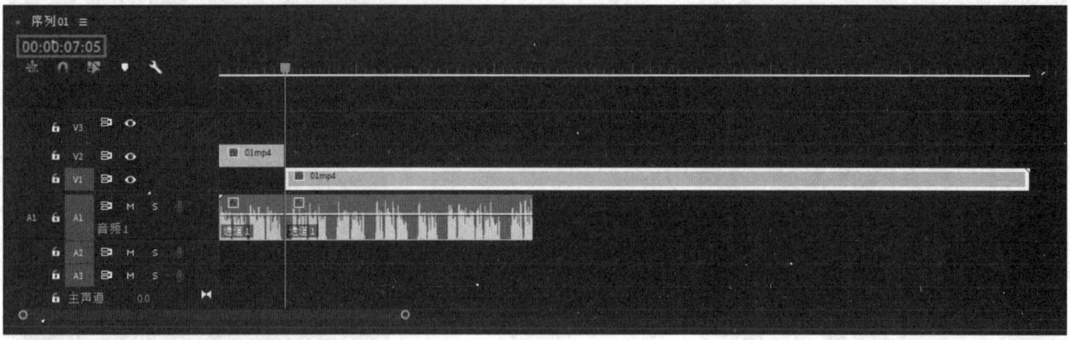

图 6-45

10）继续播放音频素材，第二段配音大概结束在 00:00:12:05 的位置，使用剃刀工具 在此处对音频进行分割；第三段配音大概结束在 00:00:16:10 的位置，使用剃刀工具 在此处对音频进行分割；第四段配音大概结束在 00:00:24:10 的位置，使用剃刀工具 在此处对音频进行分割；第五段配音大概结束在 00:00:31:10 的位置，使用剃刀工具 在此处对音频进行分割；此时配音素材切割完毕，如图 6-46 所示。

图 6-46

11）接下来将音频素材片段与视频素材的文案一一对齐即可，第二段音频入点大概在 00:00:10:10 的位置；第三段音频入点大概在 00:00:21:05 的位置；第四段音频入点大概在 00:00:33:16 的位置；第五段音频入点大概在 00:00:51:12 的位置；第六段音频入点大概在 00:00:51:12 的位置，如图 6-47 所示。

12）声音效果只有配音素材略为单调，可以为画面再添加一个背景音乐。在菜单栏中执行"文件→导入"命令，将音频素材"背景音乐"导入"项目"面板，再将其拖曳到"序列 01"时间轴中的"音频 2"轨道，如图 6-48 所示。

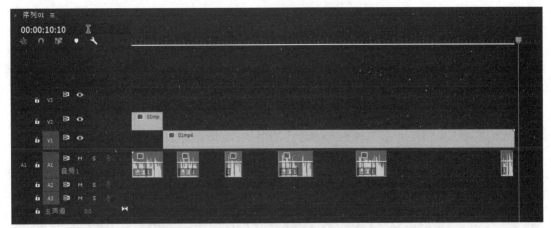

图 6-47

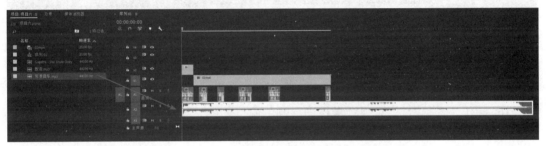

图 6-48

13）将时间指示器移动到"视频 1"轨道素材的出点位置,选择"背景音乐"素材,将其出点与之对齐,如图 6-49 所示。

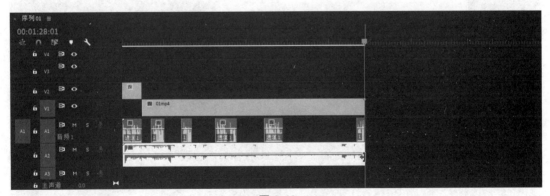

图 6-49

14）由于观察背景音乐结束位置的波形没有渐弱的过渡,在"效果"面板搜索"指数淡化",将该效果拖曳到"背景音乐"素材的出点,并修改持续时间为 00:00:03:00,此时音频便有了淡出的效果,如图 6-50 所示。

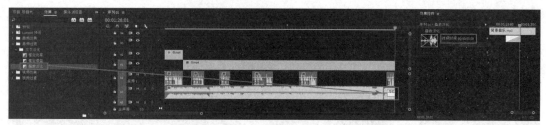

图 6-50

15）播放音频，背景音乐的音量盖过了配音的人声，选择背景音乐素材对象，在"效果控件"面板将"音量"的"级别"参数改为"−17"，如图 6-51 所示。

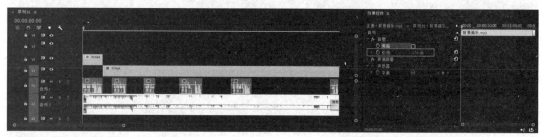

图 6-51

16）制作完音频素材，对视频素材进行颜色调整。将"视频 2"轨道的素材移动到"视频1"轨道，保持素材的选中状态，打开"Lumetri 颜色"面板，在"RGB 曲线"控件调整曲线曲率，并使用"色相与饱和度"选项中的吸管工具 吸取画面的绿色，将选项的中间点位调高，加强绿色的饱和度，如图 6-52 所示。

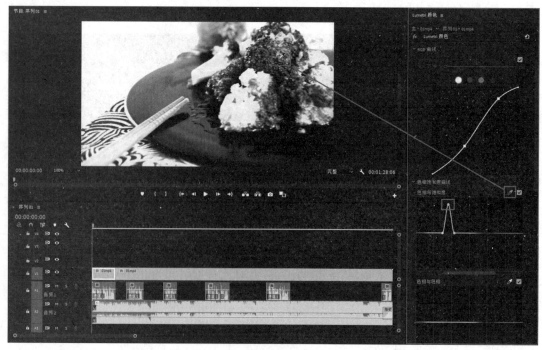

图 6-52

17）选中第二段视频素材，执行与上一步相同的操作，视频素材颜色调整完毕，如图6-53所示。

图 6-53

18）接下来制作视频背景，首先将两段视频素材都选中，按住"Alt"键向上移动复制一份，如图 6-54 所示。

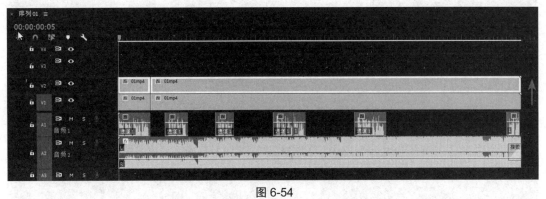

图 6-54

19）选中"视频 1"轨道的第一段素材，修改"效果控件"面板中的"缩放"选项参数为"320.0"，"位置"选项的"水平"参数为"535.0"，如图 6-55 所示。

图 6-55

20）在"效果"面板搜索"高斯模糊"，将该效果拖曳到"视频 1"轨道的第一段素材上，修改"模糊度"参数为"20.0"，如图 6-56 所示。

图 6-56

21）选中"视频 1"轨道的第二段素材，同样修改"效果控件"面板中的"缩放"选项参数为"320.0"，"位置"选项的"水平"参数为"535.0"；接着将"高斯模糊"效果拖曳到素材上，修改"模糊度"参数为"20.0"，如图 6-57 所示。

图 6-57

22）播放视频发现，字幕部分放大后的背景效果不美观，需要将其裁剪删除。选中"视频 1"轨道的第二段素材，使用剃刀工具，在 00:00:11:00 和 00:00:16:00 的位置依次单击，并将该时段的素材删除；接着在 00:00:21:07 和 00:00:26:08 的位置依次单击，并将该时段的素材删除；继续在 00:00:34:08 和 00:00:39:07 的位置依次单击，并将该时段的素材删除；最后在 00:00:51:11 和 00:00:56:10 的位置依次单击，并将该时段的素材删除，如图 6-58 所示。

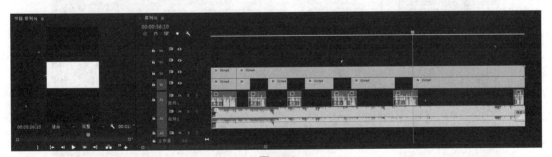

图 6-58

23）视频素材剪辑完毕后开始添加字幕素材，在菜单栏中执行"文件→新建→旧版标题"命令，然后在弹出的窗口设置字幕对象的名称，最后单击"确定"按钮，如图 6-59 所示。

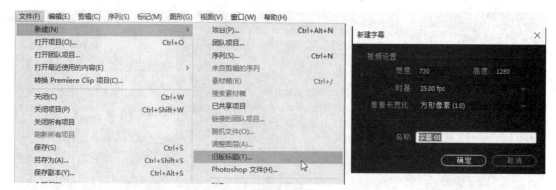

图 6-59

24）在弹出的"字幕"窗口选择"文字"工具，键入文案内容，选择一种较粗的字体，并调节文字大小、颜色，为其创建描边和阴影效果，调整完毕后将窗口关闭，如图 6-60 所示。

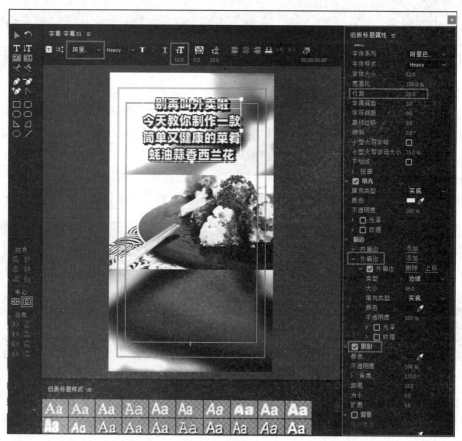

图 6-60

25）将"项目"面板中刚创建好的字幕对象拖曳到时间轴的"视频 3"轨道，并将其入点和出点与"视频 1"轨道的第一段素材对齐，如图 6-61 所示。

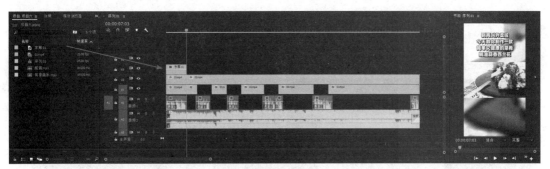

图 6-61

26）按住"Alt"键移动复制字幕对象到视频尾部位置，入点、出点与配音素材的最后一段对齐，如图 6-62 所示。

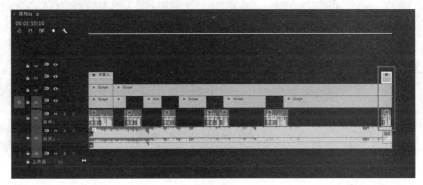

图 6-62

27）双击字幕副本对象，打开"旧版标题"面板，修改文案内容，适当调整文字大小等参数后，将窗口关闭，如图 6-63 所示。

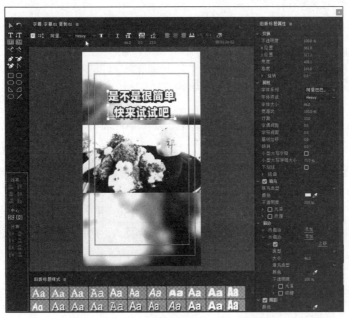

图 6-63

28）短视频制作完毕，播放视频检验完成效果后导出文件上传到视频平台即可，如图6-64 所示。

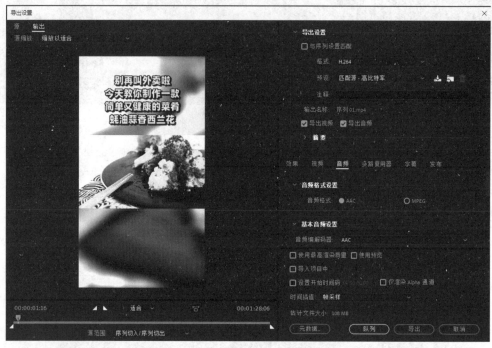

图 6-64

一、选择题

1. 故事性强的短视频适合用（　　　）脚本。

A. 大纲　　　　　　　B. 文学　　　　　　　　C. 分镜头　　　　　　　D. 概念

2.（　　　）是摄像器材中用来控制光线照射感光元件时间的装置。

A. 快门　　　　　　　B. 光圈　　　　　　　　C.ISO 感光度　　　　　D. 镜头

3.（　　　）也叫焦比，是照相机上用来控制镜头孔径大小的部件，以控制景深、镜头成像质量。

A. 快门　　　　　　　B. 光圈　　　　　　　　C.ISO 感光度　　　　　D. 镜头

4. 在各类景别中，（　　　）经常用于建筑局部以及人物所处环境的介绍，主要表现人物之间、人与环境之间的关系。

A. 远景　　　　　　　B. 全景　　　　　　　　C. 中景　　　　　　　　D. 近景

5. 在各种运镜技巧中，（　　　）镜头能代表人物的眼睛，看待周围的一切。它在描述空间、介绍环境方面有独到的作用。

A. 推　　　　　　　B. 拉　　　　　　　C. 摇　　　　　　　D. 移

二、简答题

1. 简述拍摄技巧中常用到的景别包括哪几种。

2. 简述常用的运镜技巧包括哪几种。

三、操作题

根据本项目所学知识,结合"课后练习"文件夹中提供的素材,制作一段适用于抖音平台的美食类短视频。